城市矿业研究丛书

废弃电器电子产品的回收利用现状及技术

郭　福　马立民　编著

科学出版社
北京

内 容 简 介

富含稀贵金属的废旧家电、电子垃圾被称为城市中的矿产。本书详细追述了废弃电子中资源回收再利用的发展历史，全面介绍了国内外的相关法律、体系以及技术资料。全书共分 4 章，内容包括废弃电子产品的分类及回收概念的提出和发展；资源回收产业化、正规化的必要性；国内外相关回收体系、法律法规以及行业现状，并重点分析了我国在这些领域所面临的问题；废弃电子产品主要回收技术；不同种类电器以及材料的回收流程；完善我国废弃电器电子回收途径及政策法规的建议。

本书适合作为高等院校资源循环及微电子技术专业的教材，也可以作为从事相关行业人员的参考书。

图书在版编目 (CIP) 数据

废弃电器电子产品的回收利用现状及技术 / 郭福，马立民编著 .
—北京：科学出版社，2016.9

（城市矿业研究丛书）
ISBN 978-7-03-049749-9

Ⅰ.①废… Ⅱ.①郭…②马… Ⅲ.①日用电气器具–废物回收②电子产品–废物回收③日用电气器具–废物综合利用④电子产品–废物综合利用 Ⅳ.①X76

中国版本图书馆 CIP 数据核字（2016）第 208080 号

责任编辑：李 敏 杨逢渤 / 责任校对：邹慧卿
责任印制：徐晓晨 ／ 封面设计：李姗姗

科 学 出 版 社 出版
北京东黄城根北街 16 号
邮政编码：100717
http://www.sciencep.com

北京九州迅驰传媒文化有限公司 印刷
科学出版社发行 各地新华书店经销
＊
2016 年 9 月第 一 版 开本：720×1000 1/16
2017 年 2 月第二次印刷 印张：13 1/2
字数：300 000
定价：98.00 元
（如有印装质量问题，我社负责调换）

《城市矿业研究丛书》编委会

总　　序

一、城市矿产的内涵及发展历程

城市矿产是对废弃资源循环利用规模化发展的一种形象比喻，是指工业化和城镇化过程中产生和蕴藏于废旧机电设备、电线电缆、通信工具、汽车、家电、电子产品、金属和塑料包装物以及废料中可循环利用的钢铁、有色金属、贵金属、塑料、橡胶等资源。随着全球工业化和城市化的快速发展，大量矿产资源通过开采、生产和制造变为供人们消费的各种产品，源源不断地从"山里"流通到"城里"。随着这些产品不断消费、更新换代和淘汰报废，大量废弃资源必然不断在"城里"产生，城市便成为一座逐渐积聚的"矿山"。城市矿产开发利用将生产、流通、消费、废弃、回收、再利用与再循环等产品全生命周期或多生命周期链接贯通，有助于形成从"摇篮"到"摇篮"的完整物质循环链条，日益成为我国缓解资源环境约束与垃圾围城问题的重要举措。2010 年，国家发展和改革委员会、财政部联合下发的《关于开展城市矿产示范基地建设的通知》中提出要探索形成适合我国国情的城市矿产资源化利用管理模式和政策机制。2011年，"十二五"规划纲要中提出要构建 50 个城市矿产示范基地以推动循环型生产方式、健全资源循环利用回收体系。这些政策的出台和不断深入标志着我国城市矿产开发利用进入了一个全新的发展阶段。

实际上，废弃资源循环利用的理念由来已久，可以追溯到人类发展的早期。例如，我国早在夏朝之前就出现了利用铜废料熔炼的先例，后续各类战争结束后铁质及铜质武器的重熔、混熔和修补成了资源循环的主要领域，新中国成立后对于废钢铁等金属的利用也体现了资源循环的理念。上述实践是在一定时期内对个别领域的废旧产品进行循环利用。然而，以废弃资源为主要原料，发展成为规模化城市矿业的历史并不长，其走向实践始于人类对资源环境问题的关注，源于对人与自然关系的思考。

纵观人类工业文明发展进程，经济高速发展所带来的环境污染以及自然资源短缺甚至耗竭等问题成为了城市矿产开发利用的两条主要脉络。一方面，随着环境污染和垃圾围城等问题的不断显现，人类逐渐意识到工业高度发达在带来物质财富极大满足的同时，也会对自然生态环境造成严重的负面影响，直接关系到人类最基本的生存问题。《寂静的春天》《只有一个地球》《增长的极限》等震惊世界的研究报告，唤起了人们的生态环境意识。环境保护运动逐渐兴起，成为人类拯救自然也是人类拯救自身的一场伟大革命，世界各国共同为人类文明的延续出谋划策，为转变"大量生产、大量消费、大量废弃"的线性经济发展模式提供了思想保障。另一方面，自然资源是一切物质财富的基础，离开了自然资源，人类文明就失去了存在的条件。然而，人类发展对自然资源需求的无限性与自然资源本身存量的有限性，必然会成为一对矛盾制约人类永续发展的进程，工业文明对资源的加速利用催生了上述矛盾的产生，人类不能再重复地走一条由"摇篮"到"坟墓"的资源不归路。综合上述环境与资源的双重问题，可持续发展理念应运而生。循环经济作为其重要抓手，使人类看到了通过走一条生态经济发展之路，实现人类永续发展的可能。由此，减量化、再利用与再循环的"3R"原则成为全世界应对资源环境问题的共性手段。

城市矿产开发利用是助力循环经济的有效途径，它抓住了 21 世纪唯一增长的资源类型——垃圾，利用了物质不灭性原理，实现了垃圾变废为宝、化害为利的根本性变革，完成了资源由"摇篮"到"摇篮"的可持续发展之路。尤其是发达国家工业化时期较长，各种城市矿产的社会蓄积量大，随着它们陆续完成生命周期都将进入回收再利用环节，年报废量迅速增长并逐渐趋于稳定，为城市矿产开发利用提供了充足的原料供应，并为其能够形成较大的产业规模提供了发展契机。1961 年，美国著名城市规划学家简·雅各布斯提出除了从有限的自然资源中提取资源外，还可以从城市垃圾中开采原材料的设想；1971 年，美国学者斯潘德洛夫提出了"在城市开矿"的口号，各种金属回收新工艺、新设备开始相继问世；20 世纪 80 年代，以日本东北大学选矿精炼研究所南条道夫教授为首的一批学者们阐明城市矿产开发利用就是要从蓄积在废旧电子电器、机电设备等产品和废料中回收金属。自此，城市矿产开发利用逐渐由理念走向了实践。

二、城市矿产开发利用的战略意义

我国改革开放以来，近 40 年的经济快速增长所积累下的垃圾资源为城市矿业的发展提供了可能，而资源供需缺口以及垃圾围城引发的环境问题则倒逼我国政府更加长远深刻地思考传统线性经济的弊端，推行循环经济的发展模式。城市矿产开发利用顺应了我国资源环境发展的需求，具有重大战略意义和现实价值。

1. 开发利用城市矿产是缓解资源约束的有效途径

目前我国正处于工业化和城市化加速发展阶段，对大宗矿产资源需求逐渐增加的趋势具有必然性，国内自然资源供给不足，导致重要自然资源对外依存度不断提高。我国原生资源蓄积量快速增加并趋于饱和，这使得废弃物资源开发利用的潜力逐渐增大。此外，城市矿产虽是原生矿产资源生产的产品报废后的产物，但相较于原生矿产，其品位反而有了飞跃式提升。例如，每开发 1t 废弃手机可提炼黄金 250g，而用原生矿产提炼，则至少需要 50t 矿石。由此，开发利用城市矿产要比从原生矿产中提取有价元素更具优势，不仅可以替代或弥补原生矿产资源的不足，还可以进一步提高矿产资源的利用效率。

2. 开发利用城市矿产是解决环境污染的重要措施

城市矿产中已载有原生矿产开采过程中的能耗、物耗和设备损耗等，其开发利用避免了原生矿产开发对地表植被破坏最为严重且高能耗、高污染的采矿环节，取而代之的是废弃物回收及运输等低能耗低污染的过程。从资源开发利用的全生命周期视角来看，不仅可以有效降低原生矿石开发及尾矿堆存引发的环境污染问题，还对节能减排具有重要促进作用。据统计，仅 2013 年我国综合利用废钢铁、废有色金属等城市矿产资源，与使用原生资源相比，就可节约 2.5 亿 tce，减少废水排放 170 亿 t，二氧化碳排放 6 亿 t、固体废弃物排放 50 亿 t；废旧纺织品综合利用则相当于节约原油 380 万 t，节约耕地 340 万亩[①]，潜在的环境效益十分显著。

3. 开发利用城市矿产是培育新兴产业的战略选择

2010 年国务院颁布了《关于加快培育和发展战略性新兴产业的决定》，将节能环保等七大领域列为我国未来发展战略性新兴产业的重点，其中城市矿业是其核心内容之一。相比原生矿业，城市矿业的链条更长，涉及多级回收、分拣加工、拆解破碎、再生利用等环节，需要产业链条上各项技术装备的协同发展，有利于与新兴的生产性服务、服务性生产等相互融合，并贯穿至产品全生命周期过程。从而，有效推动了生态设计、物联网、城市矿产大数据以及智慧循环等技术

---

① 　1 亩 $\approx 666.7 \text{m}^2$

系统的构建。其结果将倒逼技术、方法、工具等诸多方面的创新行为，带动上下游和关联产业的创新发展，从而形成新的经济增长点，培育战略性新兴业态。

4. 开发利用城市矿产是科技驱动发展的必然要求

传统科研活动大多以提高资源利用效率和增强材料性能为目标，研究范畴往往仅包含从原生矿产到产品的"正向"过程。然而，针对以废弃资源为源头的"逆向"科研投入相对较少，导致我国城市矿业仍处于国际资源大循环产业链的低端，再生利用规模与水平不高，再生产品附加值低。为促进我国城市矿业的建设和有序发展，实施"逆向"科技创新驱动发展战略，加强"逆向"科研的投入力度，成为转变城市矿业的发展方式，提高发展效益和水平的必然要求。资源循环利用的新思路、新技术、新工艺和新装备的不断涌现，既可带动整个节能环保产业的升级发展，也可激发正向科研的自主创新能力，从而促进全产业链条资源利用效率的提升。

5. 开发利用城市矿产是扩展就业机会的重要渠道

城市矿产拆解过程的精细化水平直接关系到后续再生利用过程的难易程度以及最终再生产品的品位和价值。即使在技术先进的发达国家，拆解和分类的工作一般也由熟练工人手工完成，具有劳动密集型产业的特征。据统计，目前我国城市矿业已为超过 1500 万人提供了就业岗位，有效缓解了我国公众的就业压力。与此同时，为推动城市矿业逐渐向高质量和高水平方向发展，面向该行业的科技需求，适时培养高素质创新人才队伍至关重要。国内已有相当一批高校和科研院所成立了以资源循环利用为主题的专业研究机构，从事这一新兴领域的人才培养工作，形成了多层次、交叉性、复合型创新人才培养体系，拓展了城市矿业的人才需求层次，实现了人才就业与产业技术提升的双赢耦合发展。

6. 开发利用城市矿产是建设生态文明的重要载体

生态文明是人类为保护和建设美好生态环境而取得的物质成果、精神成果和制度成果的总和；绿色发展则是将生态文明建设融入经济、政治、文化、社会建设各方面和全过程的一种全新发展举措。城市矿产开发利用兼具资源节约、环境保护与垃圾减量的作用，是将循环经济减量化、再利用、再循环原则应用至实践的重要手段。由此产生的城市矿业正与生态设计和可持续消费等绿色理念相互融合，为我国实现经济持续发展与生态环境保护的双赢绿色发展之路指引了方向。此外，城市矿业的快速发展倒逼我国加快生态文明制度建设的进程，促进了如城市矿产统计方法研究、新型适用性评价指标择取等软科学的发展，从而可更加准确地挖掘城市矿产开发利用各环节的优化潜力，为城市矿业结构及布局调整提供科学的评判标准，有利于促进生态文明制度优化与城市矿业升级发展谐调发展。

三、城市矿业的总体发展趋势

城市矿产开发利用的资源、环境和社会效益得到了企业与政府双重主体的关注，2012 年城市矿产作为节能环保产业的核心内容列为我国战略性新兴产业。然而，城市矿产来源于企业和公众生产生活的报废产品，其分布较为分散，而且多元化消费需求使得城市矿产的种类十分繁杂。与其他新兴产业不同，城市矿业发展需要以有效的废弃物分类渠道和庞大的回收网络体系作为重要前提，且需要将全社会各利益相关者紧密联系才能实现其开发利用的目标。由此可见，城市矿业的发展仅依靠市场作用通过企业自身推动难以为继，需要政府发挥主导作用，根据各利益相关者的责任予以有效部署。

面对如此宽领域、长链条、多主体的新兴产业，处理好政府与市场的关系至关重要，如何按照党的十八届三中全会的要求"使市场在资源配置中起决定性作用，与更好地发挥政府的作用"，充分发挥该产业的资源环境效益引起了国家的广泛关注。为此，党中央从加强法律法规顶层设计与基金制度引导两方面入手，为城市矿业争取了更大的发展空间。2010～2015 年，《循环经济发展战略及近期行动计划》《再生资源回收体系建设中长期规划（2015—2020）》《废弃电器电子产品处理基金征收使用管理办法》等数十部法规政策的频繁颁布，体现了国家对于城市矿产开发利用的关注，通过政府强制力逐渐取缔微型低效、污染浪费的非法拆解作坊，有效地促进了该产业的有序发展。

根据上述法律法规指示，国家各部委也加强了对城市矿业的部署。截至2014年，国家发改委确定投入建设第一批国家资源综合利用"双百工程"，首批确定了 24 个示范基地和 26 家骨干企业，启动了循环经济示范城市（县）创建工作，首批确定 19 个市和 21 个县作为国家循环经济示范城市（县），并会同财政部确定了 49 个国家"城市矿产"示范基地；商务部开展了再生资源回收体系建设试点工作，分三批确定 90 个城市试点，并会同财政部利用中央财政服务业发展专项资金支持再生资源回收体系建设，已支持试点新建和改扩建 51 550 个回收网点、341 个分拣中心、63 个集散市场、123 个再生资源回收加工利用基地建设；工业和信息化部开展了 12 个工业固体废物综合利用基地建设试点，会同安监总局组织开展尾矿综合利用示范工程。在上述各部委的联合推动之下,目前我国城市矿业的发展水平日渐增强,集聚程度不断提高,仅 2014 年我国废钢铁回收量就达 15 230 万 t、再生铜产量 295 万 t、再生铝 565 万 t、再生铅 160 万 t、再生锌 133 万 t。习近平总书记在视察城市矿产龙头企业格林美公司时,高度评价了城市矿产开发利用的重要作用,对城市矿业提出了殷切的期盼:"变废为宝、循环利用是朝阳产业。垃圾是放错位置的资源,把垃圾资源化,化腐朽为神奇,是一门艺术,你们要再接再厉。"

国家在宏观层面系统布局城市矿产回收利用网络体系为促进我国城市矿业的初期建设提供了必要条件,而如何实现该产业的高值化、精细化、绿色化升级则是其后续长远发展的关键所在,这点得到了国家科技领域的广泛关注。2006 年,《国家中长期科学技术发展规划纲要(2006—2020 年)》明确将"综合治污和废弃物循环利用"作为优先主题;2009 年,我国成立了资源循环利用产业技术创新战略联盟,先后组织政府、企业和专家参与,为主要再生资源领域制定了"十二五"发展路线图,推动了我国城市矿业技术创新和进步;2012 年,科学技术部牵头发布了国家《废物资源化科技工程十二五专项规划》,全面分析了我国"十二五"时期废物资源化科技需求和发展目标,部署了其重点任务;2014 年,国家发展和改革委员会同科学技术部等六部委联合下发了《重要资源循环利用工程(技术推广及装备产业化)实施方案》,要求到 2017 年,基本形成适应资源循环利用产业发展的技术研发、推广和装备产业化能力,掌握一批具有主导地位的关键核心技术,初步形成主要资源循环利用装备的成套化生产能力。

在此引导下,科学技术部启动了一系列国家 863 及科技支撑计划项目,促进该领域高新技术的研发和装备的产业化运行,如启动《废旧稀土及贵重金属产品再生利用技术及示范》国家 863 项目研究。该项目国拨资金 4992 万元,总投资近 1.6 亿元,开展废旧稀土及稀贵金属产品再生利用关键技术及装备研发,重点突破废旧稀土永磁材料、稀土发光材料等回收利用关键技术及装备。教育部则批准北京工业大学等数所高校建设"资源循环科学与工程"战略性新兴产业专业和"资源环境与循环经济"等交叉学科,逐步构建"学士—硕士—博士"多层次交叉性、复合型创新人才培养体系。

放眼全球,发达国家开发利用城市矿产的理念已趋于成熟,涵盖了废旧钢铁及有色金属材料、废旧高分子材料、废旧电子电气设备、报废汽车、包装废弃物、建筑废弃物等诸多领域,且在实践层面也取得了颇丰的成绩。例如,日本通过循环型社会建设和城市矿产开发,其多种稀贵金属储量已列全球首位,由一个世界公认的原生资源贫国成为一个二次资源的富国,在 21 世纪初,其国内黄金和银的可回收量已跃居世界首位。总结发达国家城市矿业取得如此成绩的经验:

民众参与是促进城市矿业的重要依托，发达国家大多数公众已自发形成了环境意识，对于任何减少或回收废弃物的措施均积极配合，逐渐成为推动城市矿业发展的中坚力量；法律法规体系是引导城市矿业的先决条件，许多发达国家已处于循环经济的法制化、社会化应用阶段，通过法律规范推动循环经济的发展和循环型社会的建设；政策标准是保障城市矿业的重要条件，发达国家十分注重政策措施的操作性，通过制定相关的行业准入标准，坚决遏制不达标企业进入城市矿业；市场机制是激发城市矿业的内生动力，充分利用市场在资源配置中的决定性地位，通过基金或财税等市场激励政策促进城市矿业形成完备的回收利用网络体系；创新科技是提升城市矿业的核心支撑，通过技术创新促进城市矿产开发利用向高值化、精细化、绿色化方向发展。

由此可见，我国城市矿业的发展虽然已取得了长足的进展，但与国外发达国家相比，仍存在较大差距。例如，公众的生态观念和循环意识仍然薄弱，致使一部分城市矿产以未分类的形式进行填埋或焚烧处理，丧失了其循环利用的价值；法规政策具体细化程度明显不足，缺乏系统性、配套性和可操作性的回收利用细则与各级利益相关者的责任划分，致使执行过程中各级管理部门难以形成政策合力；资源回收利用网络体系建设尚不完善，原城乡供销社系统遗留的回收渠道、回收企业布局的回收站点、小商贩走街串户等多类型、多层级回收方式长期并存，致使正规拆解企业原料成本偏高，原料供应严重匮乏；产业发展规模以及发展质量仍然不足，企业整体资源循环利用效率较低，导致了严重的二次浪费与二次污染，部分再生资源纯度不足，仅能作为次级产品利用，经济效益大打折扣；产业科技水平及研发实力仍需加强，多数城市矿产综合利用企业尚缺乏拥有自主知识产权的核心技术与装备，致使低消耗、低排放、高科技含量、高附加值、高端领域应用的再生产品开发严重不足；统计评价以及标准监管体系仍需健全，缺乏集分类、收运、拆解、处置为一体的整套城市矿业生产技术规范，致使技术装备的通用性不强，无法适应标准化发展的要求。

上述问题的解决是一个复杂系统工程，需要通过各领域的协同科技创新予以支撑。与提高产品性能和生产效率为目标的"正向"科技创新相比，以开发利用城市矿产为主导的"逆向"科技创新属于新兴领域，仍有较大研究空间。第一，城市矿业发展所需的技术装备和管理模式虽与"正向"科研有着千丝万缕的联系，部分工艺和经验也可以借鉴使用，但大部分城市矿产开发利用的"逆向"共性技术绝非简单改变传统技术工艺和管理模式的流程顺序就可以实现，它甚至需要整个科研领域思维模式与研究方式的根本性变革。第二，技术装备归根到底仍是原料与产品的转化器，只有与原料相适配才能充分发挥技术装备的优势以提高生产效率。由于发达国家与发展中国家在城市矿产来源渠道及分类程度存在巨大的差异，使得我国引进发达国家的技术装备仍需耗费大量资金进行改造以适应我国国情。因此，针对城市矿产开发利用的关键共性技术进行产学研用的联合攻关，研发具有一定柔性、适用性较强、资源利用效率显著的技术、装备、工艺和管理模式成为壮大我国城市矿业的有力抓手。第三，与传统产业需求的单学科创新不同，城市矿业发展涉及多个学科的交叉领域，面向该产业的多维发展需求，亟须从哲学、生态学、经济学、管理学、理工学等相关学科知识交叉融合方面寻求城市矿业创新发展的动力源泉。

为了满足国家综合开发利用城市矿产的发展需求，亟须全面理清国内外重点领域支撑城市矿业发展的技术现状，根据多学科交叉的特点准确规划我国城市矿业的发展目标、发展模式及发展路径。为此，"十二五"期间由李恒德院士和师昌绪院士参与指导，由左铁镛院士全面负责主持了中国工程院重大咨询项目《我国城市矿产综合开发应用战略研究》，着眼于废旧有色金属材料、废旧高分子材料、废旧电子电气设备、报废汽车、包装废弃物、建筑废弃物六类典型的城市矿产资源，从其中的关键共性技术入手分析了我国城市矿产综合开发应用的总体发展战略，并多次组织行业专家等对相关成果进行系统论证，充分吸收了各方意见。现将研究成果整理成系列丛书供各方参阅。丛书的作者均是长期从事城市矿产研究的科研人员和行业专家，既有技术研发和管理模式创新的实力和背景，又有产业化实践的经验，能从理论与实践两个层面较好地阐明我国各类城市矿产开发利用的关键技术装备现状及其存在问题。相信他们的辛勤成果可以为我国城市矿业的发展提供一些经验借鉴和技术探索，最终为构建有中国特色的城市矿产开发利用的理论和技术支撑体系做出我们的贡献！

丛书不足之处，敬请批评指正。

左铁镛　聂祚仁
2016 年 3 月

前　言

矿产资源被开采冶炼、加工成产品，最终被废弃。一件产品的生命周期走到了尽头，然而其中的材料却可以通过回收技术从产品中提取并重新利用。作为相关领域的研究人员以及学生，对自己设计并制造出的产品在使用后的生命周期应该有所了解，这样才可以在设计阶段就考虑到回收过程，提高资源重复利用的效率，减少环境污染。本书还可以作为从事废弃电子产品资源循环人员的参考书，用以了解相关技术流程、运行体系及法律政策。

本书编写的目的有如下三个方面：

1）介绍废弃电子产品回收行业的国内外现状；

2）帮助读者掌握用于废弃电子资源回收的基本技术；

3）引导可持续发展、绿色的观念。

第 1 章介绍了废弃电子产品的分类及回收概念的提出和发展。第 2 章阐述了资源回收产业化、正规化的必要性以及国内外相关回收体系、法律法规及行业现状，并重点分析了我国在这些领域所面临的问题。第 3 章介绍了我国废弃电子电器产品开发应用的支撑技术，针对不同的电器，对相应的成套回收处理方式，拆解技术以及开发应用等方面进行了介绍。第 4 章对完善我国废弃电器电子回收途径及政策法规提出了一些建议。

城市中的废弃电子产品富含大量可用资源，如静静蛰伏在城郊的巨大矿山，等待着人们去开采，去回收。地下矿产资源逐渐枯竭凸显城市矿山的重要性，而我国对废弃电子产品的回收目前还较为原始，与发达国家之间还存在差距，如何变废为宝，还需要一代代国人的继续努力。

作　者

2016 年 3 月

目　　录

第1章　废弃电器电子产品开发
应用的背景意义

进入 21 世纪以来，人类文明在膨胀式迅速发展的同时，也为生存环境带来了不可忽视的影响，这一点在废弃电器电子产品回收和再利用领域中体现得尤为明显。越来越多的电器电子产品不再是奢侈品而是生活必需品，人们对电器电子产品功能的要求也不再仅限于实用，更多的是追求新技术为生活带来的改变及享受。人们日益增长的物质和精神需求以及新产品的不断涌现大大加快了电器电子产品的淘汰速率。此外，抛开人为因素，电器电子产品本身也存在使用寿命的问题，使用一段时间后终将被淘汰并进入废弃物的行列（严伟等，2006）。随着电器电子产品更新换代速度的加快，数量庞大的废弃物不仅成为城市的负担，也严重地威胁着人类的健康和环境的生态平衡。那么这些废弃的电器电子产品又该何去何从呢？

与普通生活垃圾不同，电器电子产品成分复杂，既含有普通的金属铸件和塑料，又有特殊元件和贵金属；既有许多可重新利用的再生材料，又含有一些对人体健康和环境有害的物质。如果对废弃电器电子产品简单采用传统的填埋或焚烧方式处理，对大气、土壤、地下水的破坏将难以估量，同时，也是一种巨大的资源浪费。因此，如何妥善处理废弃电器电子产品以更好地保护环境和节约资源已成为人类社会面临的重大难题，废弃电器电子产品对环境的污染也凸显为一种新的环境问题。然而与发达国家相比，当前我国生产领域的资源有效利用率十分低下，GDP 单位产出的能耗是发达国家的 3～4 倍，主要工业产品能量单耗比国外平均水平高 40%。目前，我国"三废"利用率低，每年有数百亿元的可用资源作为"三废"被抛弃，资源综合利用率仅为世界先进水平的 30% 左右。因此，自然资源枯竭与经济高速发展的矛盾更为突出。而废弃电器电子产品中蕴藏着大量的资源，包括贵金属等极具再生利用价值的材料，可以说是当之无愧的城市矿产。而如何最大限度地利用该资源，使其为国家的可持续发展和城市的绿色建设提供有力的支撑，缓解环境和人类生活的物质资源负担就成为亟待解决的问题。

实际上，资源的回收和再生利用几乎涉及生产、生活的所有领域，而废弃电器电子产品的开发应用又是其中一个突出且重要的方面（王继荣，2009）。节约自然资源、提高资源利用率是可持续发展战略对经济发展提出的新要求，而以循环经济理念实施废弃电器电子产品的回收再生利用则是经济发展的必然要求。从资源和环境科学的角度讲，废弃电器电子产品具有环境污染和资源再生两方面的基本特性。这就决定了科学地回收再生利用废弃电器电子产品既可以消除电子垃圾处理不当带来的安全隐患和环境污染问题，也可以最大限度地提高资源利用率，开辟城市二次资源利用（郭汉丁等，2010）。这两方面的特性彼此关联，相互制约（阎利，2008），平衡好两者之间的关系，在环境友好的前提下充分利用城市矿产资源是国家及城市可持续发展的关键。

1.1 废弃电器电子产品开发应用的基本概念

1.1.1 废弃电器电子产品开发应用的概念

废弃电器电子产品开发应用概念的提出起源于发达国家。德国早在 1972 年就颁布了《废弃物处理法》，对废弃物的处理实行许可制度。1982 年将其修改为《废弃物避免及处理法》，第一次引入了"避免和减少垃圾产生及再利用"的概念，垃圾治理的理念从末端治理向前端预防转变。1992 年出台了《关于防止电器电子产品废弃物产生和再利用法（草案）》，规定电器电子产品应使用对环境友善和可再生的材料。1994 年又制定了《循环经济与废弃物管理法》和《关于确保促进废物闭合循环管理及与环境相协调的废物处理法》，第一次在垃圾治理政策中提出循环经济的观点，把垃圾治理上升到循环经济与可持续发展的高度。

作为电器电子垃圾的生产大国，美国在 1965 年就制定了《固体废弃物处理法》，并成为第一个以法律形式将废弃物利用确定下来的国家。20 世纪 90 年代初，美国许多州对废弃产品的处理制定了很多强制性条例，使废弃产品的回收率一直保持较高水平（文姬，2002）。其中，《电子废弃物管理法》为大量的电子废弃物产业的兴起奠定了原料基础，相关法律法规为产业发展提供了良好的发展环境。

日本作为亚洲废弃电器电子产品回收的先驱，于 20 世纪 90 年代提出了"环境立国"的口号，并于 1998 年颁布了《家用电器回收法》，且经过多年的努力建立了完善的促进循环经济发展的电器电子产品污染防治体系及法律法规体系，使日本在国际上成为以法律为基础构建废弃产品回收体系方面的领先者。早在 2002 年，日本的家电厂家已经在全国建立 40 家废弃家电回收再生利用研究中心和处理厂，使废旧电器回收再生利用在技术、经济、社会三个层次系统协调发展。

随着可持续发展和循环经济战略成为 21 世纪的主题，尤其是 2002 年欧洲议会和欧盟理事会发布了 RoHS 和 WEEE 指令，废弃电器电子产品的开发应用必将成为世界再生资源产业化与市场化中的重要部分。目前，欧盟地区每年回收处理的报废电子产品达 1000 多万 t。鉴于此，WEEE 指令的颁布对控制其生态环境污染，保障其工业可持续发展，同时彰显其在欧洲乃至全球的环保先驱形象都有着至关重要的作用。自该指令颁布以来，各国也均已把其转换为相应的国内法规，环保已成为全球性的可持续发展方向。

如今，发展中国家不断增长的"市场占有率"，发达国家的"置换市场"和"高报废率"使废弃电子电气设备已成为增长最快的废物流之一，其在发达国家固体废弃物总量的占有率可达 1% 以上。在美国，电子废物占了城市固体废物年均产生量的 1% ~ 3%。在欧盟历史上，废弃电器电子产品每 5 年增长 16% ~ 28%，是城市固体废弃物年均产量增长率的 3 倍。欧盟废弃电器电子产品产生总量每年为 500 万 ~ 700 万 t，也就是人均 14 ~ 15kg，预计将以每年 3% ~ 5% 的速率增长。在发展中国家，电子废物占城市固体废弃物产生总量的 0.01% ~ 1%。2010 年，我国的人均年产量约为 1.8kg，远低于荷兰（22.4kg）、德国（20.8kg）、日本（7.0kg）及美国（6.8kg）的人均年废弃电器电子产品的产量。但由于人口基数大，且总量也以指数级增长（胡华龙等，2010），因此成为废弃电器电子产品年产量最多的国家。针对爆发式增长的电子废物，其回收与处置问题的各项措施也相应出台，力在遵循循环经济及可持续发展战略的前提下妥善解决废弃电子电气设备的后续处理工作。人口较少且年产量少的荷兰、韩国及日本已经处于废弃物资源化的领先地位。而我国在该领域起步较晚，回收体系与法律法规相对滞后，大量电器电子产品超期服役和任意处置的现象较为普遍，由此产生的安全隐患、能源浪费和环境污染等问题也日益严重。加之"可持续发展"及"绿色科技"等理念的国民宣传工作尚不到位，国民垃圾分类及废弃产品环保处理的意识还较薄弱，使得上述环节与世界水平存在一定差距。

电器电子产品在欧盟 2003 年 2 月 13 日发布并实施的《报废电子电气设备指令》（即 WEEE 指令）中已有定义。该指令规定电器电子产品为设计使用电压不超过 1000V 交流电和 1500V 直流电，正常工作需要依赖电流或者电磁场的设备以及实现这些电流与磁场产生、传递与测量的设备。废弃电器电子产品则是指上述范围内被确定为废弃物的电器及电子设备，包括作为产品一部分的所有元件、部件和消耗材料。我国国家环境保护总局于 2003 年 8 月发布的《关于加强废弃电子电气设备环境管理的公告》中定义电子电气设备是指依靠电流或电磁场来实现正常工作以及生产、转换、测量这些电流和电磁场的设备，其设计使用的电压为交流电不超过 1000V 或直流电不超过 1500V。综合上述概念，电器电子废物是指被淘汰或丢弃的电子电气设备。其作为一种城市固体废弃物，主要由金属、塑料、玻璃等一系列金属及非金属材料组成，并通过复杂的物理化学工艺有机地组成一个整体，具有与生活垃圾、建筑垃圾、医疗垃圾等不同的特性。废弃电器电子产品的开发应用不仅是城市循环资源的重要部分，也对社会发展所需的自然资源匮乏现状和环境过度开发两个问题提供了解决方案。

自 2011 年 1 月 1 日起施行的中华人民共和国国务院令第 551 号《废弃电器电子产品回收处理管理条例》中曾指出："废弃电器电子产品的处理活动，是指将废弃电器电子产品进行拆解，从中提取物质作为原材料或者燃料，用改变废弃电器电子产品物理、化学特性的方法减少已产生的废弃电器电子产品数量，减少或者消除其危害成分，以及将其最终置于符合环境保护要求的填埋场的活动，不包括产品维修、翻新以及经维修、翻新后作为旧货再使用的活动"。本书所指废弃电器电子产品的开发应用除包括"处理活动"外，还包含将再生资源重新应用于某项计划或设计，以生产出新的或具有实质性改进的资源循环材料或产品。

1.1.2　废弃电器电子产品的分类

废弃电器电子产品来自于人们生活和生产的各个领域，具有种类繁多、组成多样的特点。因此，对数量庞大的废弃电器电子产品进行适当的分类，可以有效地降低后续回收处理工作的强度与难度。目前，有关废弃电器电子产品的分类方法国际上尚未统一，各国及各机构对废弃电器电子产品的分类存在一定差异。从废弃电器电子产品构成来看，荷兰和德国的法律规定的废弃电器电子产品管理目录范围广泛，涵盖了欧盟 WEEE 指令规定的十类电器电子产品（表 1-1）。美国废弃电器电子产品主要包括报废的电脑、显示器、电视机。由于各州包含的种类不同，还包括复印机、键盘鼠标、手机等。韩国废弃电器电子产品种类逐年增加，2005 年纳入管理的达十类。日本与我国相似，主要包括四大类家电（废电视机、废冰箱、废空调、废洗衣机）。事实上每一个国家或地区对废弃电器电子产品的分类主要与国家特点及国民生活习惯有关。为总结出符合我国国情的废弃电器电子产品分类方法，则有必要先了解电子电气设备的特征属性及消费情况。

如表 1-2 所示，按生产领域分类，可以将之归类为家用电器、办公电器、工业电子废弃物和其他等。其中，废弃电视机、洗衣机、冰箱、空调、电脑和手机的数量及所占资源空间最大，是回收处理的主要对象。如果将废弃电器电子产品经过回收处理再分类，可以将之分为电路板、金属部件、塑料、玻璃和其他需要特殊处理的物质。

表 1-1　WEEE 指令管理的产品表

序号	产品类别	产品名称
1	大型家用电器	大型制冷器具、冰箱、冷冻箱、其他用于食品制冷及保鲜和储存的大型器具；洗衣机、干衣机、洗碗机、电饭锅、电炉灶、电热板、微波炉、其他用于食品烹饪和加工的大型器具；电加热器、电暖气、其他用于加热房间及床和座椅的大型器具；电风扇、空调器具、其他吹风及换气通风和空调设备
2	小型家用电器	真空吸尘器、地摊清扫机、其他清洁器具；用于缝纫和编织及其他织物加工的器具、熨斗和衣物熨烫及压平和其他衣物护理器具；烤面包机、电煎锅、研磨机、咖啡机和开启或密封容器或包装的设备；电刀、剪发、吹发、刷牙、剃须、按摩和其他身体护理器具；电钟、电子表和其他测量、显示或记录时间的设备、电子秤
3	信息和通信设备	中央数据处理机、个人电脑、打印机、复印设备、电气电子打字机、台式和袖珍计算器，以及利用电子方式对信息进行采集、储存、处理、显示或传输的其他产品和设备；用户终端和系统、传真机、电报机、电话、收费电话、无绳电话、移动电话、应答系统，以及通过电信传输声音、图像或其他信息的产品或设备
4	消费类产品	收音机、电视机、录像机、录音机、高保真录音机、功放机、音乐仪器以及其他记录或复制声音或图像的产品或设备
5	照明设备	荧光灯具（家用的照明设备除外）、直型荧光灯、紧凑型荧光灯、高亮度放电灯（包括压力钠灯和金属卤素灯）低压力钠灯，以及其他用于传播或控制光的照明设备（细丝灯泡除外）
6	电动工具	电钻、电锯、缝纫机，对木材、金属或其他材料进行车削、铣、砂磨、研磨、锯削、切割、剪切、钻孔、冲孔、折叠、弯曲或类似加工的设备，用于打铆钉、钉子或螺钉或用于去除铆钉、钉子或螺钉的工具，用于焊接或类似用途的工具，用于对液体或气体进行喷射、传播、分散其他处理的设备，用于割草或其他园艺操作的工具
7	玩具、休闲和运动设备	电动火车或赛车、手持电子游戏机、电子游戏机、用于骑自行车、潜水、跑步、划船等的测算装置、带有电子或电气元件的运动设备、投币机
8	医用设备（被植入或感染的产品除外）	放射治疗设备、心脏用设备、透析装置、肺呼吸机、核医疗设备、玻璃容器内诊断用实验室设备、分析仪、冷冻机、生殖试验设备以及其他用于探查、预防、监控、处理、缓解疾病、伤痛的设备

序号	产品类别	产品名称
9	监测和控制仪器	烟雾探测器、发热调节器、温控器、家用或实验室设备用测量、称量或调节的器具,以及工业安装(如在控制板上)中所用的其他监控仪器
10	自动售卖机	热饮料自动售卖机、瓶装或罐装热或冷饮料自动售卖机、固体产品自动售卖机、钱票自动售卖机、所有自动送出各类产品的器具

资料来源:王红梅和刘茜,2011

表 1-2 按生产领域分类

分类方式	生产领域	产品清单	备注
生产领域	家用	电视、洗衣机、冰箱、冰柜、有线电视设备、电话、空调、微波炉等	电视机、洗衣机、冰箱的普及率最高
	办公	电脑、打印机、复印机、传真机等	电脑所占比例最高
	工业	集成电路、报废仪器仪表、废弃电缆等	以铁和电线电缆为主
	其他	手机、笔记本电脑、音响、电子玩具等	废弃手机数量增长最快
回收处理后归类	电路板	所有电子产品	成分和结构最复杂,是电子废弃物回收的重点和难点
	塑料	塑料元件、外壳等	有热固性和热塑性两种,热固性塑料含有大量的含卤阻燃剂
	金属部件	电机、金属壳座、紧固件、支架等	以铁为主
	玻璃	荧光屏、荧光灯管等	含有 Pb、Hg 等有毒有害物质
	其他	制冷剂、压缩机、阴极射线管(CRT)、硒鼓、墨盒、液晶显示器中的有害物质	需要妥善处理

资料来源:周益辉等,2011

美国对废弃电器电子产品的分类与欧盟相比略有不同。其中,美国国际电子废弃物回收商协会及美国国家环境保护局均提出了各自对废弃电器电子产品的分类,具体见表 1-3 和表 1-4。

表 1-3 美国国际电子废弃物回收商协会对废弃电器电子产品的分类

产品分类	产品用途
电子设备	商用电子设备
	工业电子设备

产品分类	产品用途
电子设备	家电产品
	自动化设备
	航空电子设备
	国防或军事电子设备
机电设备	物料输送设备
	自动加工设备
	机器人系统
	发电和输电设备
	商用和日用机电设备

资料来源：李金惠和程桂石，2010

表1-4　美国国家环境保护局对废弃电器电子产品的分类

产品分类	产品名称
大型电器	冰箱、洗衣机、热水器等体积较大的白色家电
小型电器	电吹风、咖啡机、烤面包机等体积较小的家电
消费型电子产品	音频产品、视频产品、信息产品

资料来源：李金惠和程桂石，2010

参照欧盟电子产品的归类方法，在我国规范性文件中，对电子电气设备有所分类，具体产品分类见表1-5。

表1-5　我国电器电子产品分类

序号	产品类别	产品名称
1	家用电器	冰箱、洗衣机、微波炉、空调器等大型家用电器及吸尘器、电动剃须刀等小型家用电器
2	信息和通信设备	计算机、打印机、传真机、复印机、电话机等信息技术（IT）和远程通信设备
3	用户设备	收音机、电视机、摄像机、音响等
4	电器和电子工具	钻孔机、电锯等电子和电器工具
5	玩具、休闲和运动设备	电子玩具、休闲和运动设备
6	医用设备	放射治疗设备、心脏病治疗仪器、透视仪等医用装置
7	监测和控制仪器	烟雾探测器、自动调温器等监视和控制工具
8	自动售卖机	自动售卖机

资料来源：罗志华和周恭明，2006

综上所述，本书结合我国废弃电器电子产品废弃年产总量特点，按照废弃物所占空间、储藏数量、蕴含资源，以及可成为"城市矿产"循环资源潜质的原则，提出一种基于废弃电器电子产品数量及产品功能的新分类方法，具体产品分类见表1-6。

表1-6　按废弃量及功能分类

产品分类	产品功能	产品名称
淘汰率高，废弃量大	制冷设备	空调机、冰箱、冷饮机、刨冰机等
	办公设备	电脑、投影仪、打印机、复印机、传真机、录音笔等
	通信设备	手机、固定电话、对讲机、寻呼机等
	娱乐设备	电视机、收音机、音响、游戏 VCD/DVD 播放器、照相机、摄像机、电子玩具等
淘汰率低，废弃量小	取暖设备	电暖气、电热毯、暖风机等
	厨房设备	电磁炉、燃气灶、油烟机、烤箱、烤面包机、微波炉、电饭煲、榨汁机、搅拌机等
	照明设备	手电筒、荧光棒、各种灯具灯饰、探照灯、应急灯等
	运动健身设备	跑步机、计步器等各种健身器械
	医疗与保健设备	B 超机、CT 机等各种用于治疗的电子仪器；按摩椅、血压计、电子秤等各种用于保健的电子产品
	清洁设备	洗衣机、电熨斗、电动剃须刀、电热水器、电动牙刷等
	工业机械及设备	电钻、电锯、机床等用于工业生产及城市建设的机械及设备
	其他	自动贩卖机、用于监测的各类社会仪器等

1.2　废弃电器电子产品开发应用的意义

1.2.1　我国废弃电器电子产品的资源特点

我国是世界上最大的家用电器电子产品生产和消费国。作为国际电器电子产品制造商的代工厂，我国的电器电子行业每天将生产数以万计的产品并销往全国各地或出口（严伟等，2006），继而也就产生了数以万计的产品等待或是已经被淘汰。这些隐藏在城市中的矿产资源正在迅速扩张并从各个方面影响着人们的生活，威胁着人体健康和自然环境，进而影响城市与国家的绿色和可持续发展建设。

1.2.1.1　数量和种类的特点

由于我国电子家电产品市场巨大，因而其回收综合利用中的环保节能潜力极为可观。但由于管理和对废旧电子家电产品回收利用方面认识上的滞后，目前我国对其回收处理与利用基本上处于自发无序的活动状态。废弃电器电子产品一般来源于电器电子产品的生产企业、维修服务企业和消费者。根据电器电子产品的使用目的可将电子废物的主要产生源分为社会源和工业源。以家庭为单位的消费者、个体消费者、大量使用电子电气设备的企业或行政事业单位、个体电器电子产品维修点属于社会源，电器电子产品制造企业和大型电器电子产品维修服务企业属于工业源，具体见表1-7。在所有来源中，家庭是其中最主要的来源。按质量计算，60%的废弃电器电子产品来自家庭。

表1-7　废弃电器电子产品的主要产生源

类别	主要产生源	废电视	废洗衣机	废冰箱	废电脑	废手机
社会源	以家庭为单位的消费者	*	*	*	*	
	个体消费者				*	*
	大量使用电子电气设备的企业或行政事业单位	*	*	*	*	
	个体电器电子产品维修点	*	*	*	*	
工业源	电子电气设备制造企业	*	*	*	*	*
	电子电气设备维修服务企业	*	*	*	*	*
	国外电子废弃物进口	*	*	*	*	*

资料来源：欧洲议会和欧盟理事会，2003

从表1-7中可以看出，除传统的社会源，即以家庭为单位的消费外，工业源也占据了较大比重，而其中"国外电子废弃物进口"一栏也不得不引起我国的高度重视。随着改革开放的进一步深化，我国经济逐步融入世界。欧盟已于2004年实施其WEEE指令，此后中国企业在欧盟销售的电子产品报废后必须由生产厂商回收处理，这必将加大中国企业的电子废物处理负担。

与此同时，亚洲作为全球废弃电器电子产品的垃圾场源源不断地接收着来自世界各地的废弃物，甚至已形成一种隐性行业，成为国际商贩从中牟利的途径。虽然我国现已明令禁止"电子垃圾"的进口，而且国际条约《巴塞尔公约》也规定全面禁止通过任何途径从发达国家向发展中国家出口所有有害废物。但在巨大利益的驱使下，这些垃圾仍不断流入以我国为主的亚洲市场中。站在国家利益和人民利益的角度上，这种行为是应该被绝对禁止的。然而受我国初级阶段国情的限制，以及国民对废弃电器电子产品危害的认识不足，且由于劳动力廉价、回报丰厚等因素的存在，导致这一问题迟迟得不到有效解决，废弃电器电子产品回收处理行业亟待实现真正的规范化。

由于很多国际品牌生产地实际设立在发展中国家，尤其是中国（严伟等，2006）。在国外电子垃圾不断充斥泛滥的同时，国内的废弃电器电子产品数量也迎来了高峰期。根据电器电子产品 10 ~ 15 年的普遍使用寿命计算，自 20 世纪 80 年代中后期家用电器开始普及直至今日，绝大多数家电已报废或处于超寿命服役阶段（王继荣，2009）。我国废弃电器电子产品量如图 1-1 所示。

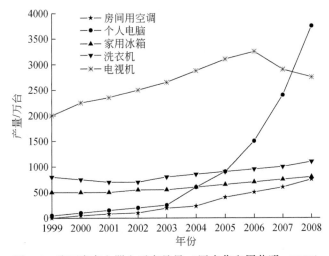

图 1-1　我国废弃电器电子产品量（罗志华和周恭明，2006）

据国家相关部门公布的统计数据显示，截至 2011 年年底，我国主要电器电子产品的社会保有量基数巨大：电视机约 5.2 亿台，冰箱约 3.2 亿台，洗衣机约 3 亿台，空调约 3.3 亿台，电脑约 3 亿台，合计 17.7 亿台。根据中国家用电器研究院 2012 年 5 月 30 日发布的《中国废弃电器电子产品回收处理及综合利用行业现状与展望——行业研究白皮书（2011）》给出的统计数据，2011 年我国废弃电器电子产品（"四机一脑"）的理论报废量为 6952.02 万台。其中，电视机 2753.67 万台，冰箱 761.10 万台，洗衣机 1213.91 万台，空调 154.58 万台，微型计算机 2068.76 万台，数据分布如图 1-2 所示。

除此之外，手机等便携式电子产品的更新换代频率很高，其废弃量也是巨大的。根据工业和信息化部公布的数据，截至 2008 年年底，我国手机普及率达到 41.6%。从图 1-1 中也可看出，个人电脑的废弃量近年来飞速增长，而其他大型家电则基本保持平稳增长趋势甚至出现回落。以手机为例，根据赛诺市场研究公

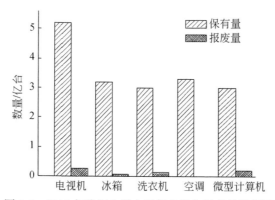

图 1-2 2011 年我国电器电子保有量与报废量数据图

司统计，2007 年我国销售的手机中有 68% 为二次购机，而 2008 年国内手机更换量更是达到 2 亿部，以每部重 100g 计算，2008 年将产生 2 万 t 手机电子垃圾（张颖等，2005）。

显然，在废弃电器电子产品市场上，家用电器所占的市场份额最大；考虑到综合消费量、淘汰量等因素，其中的电视机、冰箱、洗衣机、电脑、空调和手机无疑组成了废弃电器电子产品的主要来源。从数量和种类上看，我国发展废弃电器电子产品回收产业的阻力主要来自两方面：其一，尽管废弃电器电子产品量巨大，但具有流动性和多变性。废弃电器电子产品通常由小商贩收购交易并交由家庭作坊进行处理。还有一部分废弃电器电子产品由相对发达地区流入相对不发达地区，其去向多种多样，在数量上很难精确统计。其二，废弃电器电子产品的种类复杂。小到 MP3、手机，大到冰箱、洗衣机都是废弃电器电子产品的一部分，种类的多样性使废弃电器电子产品的追踪管理复杂化，增加了选用适当回收技术的难度。目前，我国政府统计部门还没有关于全国的废弃电器电子产品实际产量的专项统计数据。然而由于废弃电器电子产品数量及种类的日益增长所带来的一系列环境问题的显现，使我们不得不正视这一严峻事实。因此，国家需要加强废旧电子家电产品回收利用及综合管理的力度，从法律、制度、管理等诸多方面，使自发无序的拆解回收个体，通过组织联合形成现代化大规模回收利用企业，使之形成一个新兴的行业。电子家电产品生产企业可对其服役期已满的产品实行召回法，确保废旧电子家电产品不随意流向社会，达到资源化、产业化运作，形成循环经济，使其回收利用潜力得到最大的发挥。

1.2.1.2 增长速率的特点

废弃电器电子产品是随着经济的高速发展，特别是电子产业的飞速发展，以及电子产品的不断更新换代而出现的。它具有高速增长性和可重复利用资源性的特点。世界范围内电子废物市场从 2004 年的约 72 亿美元增长到 2009 年的约 110 亿美元，年增长率约为 8.8%。而从 2003 年起，我国每年至少有 500 万台电视机、400 万台冰箱、600 万台洗衣机需要报废。而截至 2009 年，我国废弃电器电子产品每年的理论报废数量就超过了 5000 万台，并且还在以年均 20% 的速率持续增长（张颖等，2005）。增长率是由电子电气设备不断增长的"报废率"引起的。报废率的增长会推动废弃物回收和相关联的回收交易的增长。因此，废弃电子电气设备同样可被理解为一种"可交易商品"，并需要一种"交易机制"对其进行资源化与无害化。

根据近 15 年家用电器和电脑的生产量及消费量，利用 Gompertz 模型可以预测出我国未来 3 年（2013～2015 年）家用电器（彩色电视机、冰箱、洗衣机、空调）和计算机的年废弃量，见表 1-8。从表中可以看出，在未来的 3 年中，家用电器和计算机的年废弃量有所波动，但整体呈现上升趋势。

表 1-8　我国家用电器和计算机年废弃量预测值　（单位：万台）

年份	年废弃量				
	彩色电视机	冰箱	洗衣机	空调	计算机
2013	4 041.73	2 094.18	1 374.37	3 875.04	24 251.37
2014	4 251.48	1 242.00	673.12	2 992.61	90 491.88
2015	4 449.13	1 714.78	1 519.46	3 250.11	80 904.88

居高不下的废弃量迫使政府出台了一系列的回收政策。《废弃电器电子产品回收处理管理条例》中强调了生产者责任延伸制，家电品牌制造商需缴纳回收基金。征收对象为具有自主品牌的国内生产企业；进口家电产品的收货人或者其代理人；对于国内从事代工 OEM 的企业，不要求其缴纳。首批征收的废弃产品包括五大类，预计征收标准分别为电视机 15 元/台、冰箱 12 元/台、洗衣机 7 元/台、房间空调器 7 元/台、微型计算机 10 元/台。国家每年将获得约 30 亿元的回收基金，而与此同时，家电回收处理企业每处理一台废弃家电将获得一笔补贴费用，补贴标准为电视机 85 元/台、冰箱 80 元/台、洗衣机 35 元/台、空调器 35 元/台、微型计算机 85 元/台。从这一政策不难看出，废弃电器电子产品回收的征收额相较于动辄千元的家电产品的售价和销量而言影响较小，而未来企业环保成本的上升也是促进资源综合利用和循环经济发展的必然趋势。

经济危机出现后，基于"扩内需，保增长，调结构"的宏观经济政策，中国政府推出了高达 4 万亿元的经济刺激计划，其中的重要内容之一，就是启动中国农村的潜在消费能力，制定了"家电下乡"的惠民举措。此外，回收的另一项政策——"以旧换新"也备受消费者青睐，它在为消费者带来实惠的同时，也为商家带来了商机，拉动了消费。截至 2011 年 7 月 28 日，全国家电以旧换新销售量突破 6000 万台，销售额为 2229.6 亿元，回收家电 6211.3 万台。短短 4 个月后，全国家电以旧换新销售量更是突破 8000 万台，销售额达 3004.2 亿元。

事实上，实施家电以旧换新政策除了经济效应之外，还有另外一重效应——环境保护效应。在 2009 年 6 月 1 日国务院办公厅下发的关于转发发展改革委等部门《促进扩大内需鼓励汽车家电以旧换新实施方案的通知》（国办发〔2009〕44 号）中明确指出，实施家电以旧换新政策不仅是出于扩大内需的需要，同时也是为了促进节能减排和发展循环经济。其体现一方面为新型节能节电替代高耗能老产品将有利于降低能耗；另一方面为通过对废弃家电回收处理行为的规范将有助于减轻电子废弃物污染（孔令峰，2010）。而随着这些政策的相继退市，我国家电销售及回收市场又进入"淡季"，总体呈现"偏冷"趋势，各方都在密切关注接续政策的出台，以循环经济理论研究我国废弃电器电子回收再生利用的产业发展迫在眉睫。

国家发展和改革委员会于 2002 年就确定了废弃电器回收再生利用的试点单位，我国在北京、无锡、浙江、南京、青岛等城市也建有专门从事废弃电器电子产品处理的企业。但大多数废弃电器电子回收再生利用项目还处于观望和小步试探状态，项目启动与实施缓慢。究其原因主要是保障项目有效实施的法律法规体系不健全，生产、销售、消费、回收、再利用、资源化等产业链的主体责任体系、价格理论与形成机制尚未形成，缺乏推动产业发展的有效机制。正确认识现阶段废弃电器电子的垃圾和商品两个属性，用循环经济理念研究制约废弃电器电子产品再生利用产业发展的瓶颈问题，是确保产业健康发展的重要理论基础。

1.2.1.3　资源流动性的特点

城市对先进电器电子产品的需求、更换和淘汰频率远大于乡镇及农村，因此也成为废弃电器电子产品的主要产出地区。相对于高的产量，我国城市的废弃电器电子产品回收体系的建立和回收率却不尽如人意。具体表现为资源流动性差，销售量与回收量不成正比，大量电子垃圾滞留城市内部。这主要是因为废弃电器电子产品的产生地点分散、无规则，具有高度的不确定性。需要回收的废弃电器电子产品品种繁多，功能不同，品牌各异，且新旧程度受使用年限及消费者的使用习惯等因素影响而各不相同，这些问题都成为回收处理过程中的阻力。

废旧和废弃产品在回收过程中往往难以划清类别，因为不同种类、不同状态的废旧和废弃物资常常是混杂在一起的，从而增加了检查、分类的难度。因此，对其进行回收再利用时就要涉及多种复杂的工艺与技术，从技术层面考虑具有一定的复杂性。此外，回收产品处理商会针对产品的不同采取翻新、修理或直接拆除、粉碎、再利用等不同的处理方式，进而直接关系到处理成本及翻新后的产品价格，这也是废弃电器电子产品具有不确定性的另一个特征（李巍，2010）。

而从回收渠道来看，目前我国废弃电器电子产品的回收主要是通过旧货市场、小商贩、各类电器拆卸作坊和垃圾处理厂共同实现的，如图1-3所示，缺少政府承认的正规回收机构实施产品终身追踪的监管机制和销售/回收一条龙服务体系的建立（姜华和崔莹，2003）。同时，也缺乏生产商和销售商的支持与合作。在我国，废弃电子电气设备回收、运输和再生利用已成为一项利润丰厚的无组织非正规部门的生意。回收的责任主体不明使得回收处理市场在废弃电器电子回收领域"唱主角"，而有资质的处理企业则长期"无米下锅"。以北京为例，北京的回收系统90%掌控在城市流动商贩手中，仅十八里店废旧电子产品的日交易量可达上百万元。与此同时，作为北京市废旧家电处理示范工程的"华星集团环保产业发展有限公司"则一直处于惨淡经营的状态。

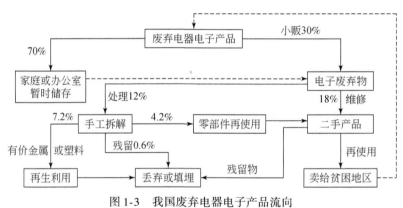

图 1-3　我国废弃电器电子产品流向
（国家发展和改革委员会资源节约和环境保护司，2012）

除了正规企业，大部分生产厂商也缺乏参与回收的动力。由于受目前技术经济条件的限制，再加上国家并没有正式出台相关的激励政策，回收价格与处理成本已成为阻挡废弃电器电子产品回收的最大绊脚石。居民或是将废弃电器电子产品长期搁置在家中，或是以极低廉的价格卖给回收废品的小商贩。二级市场则将这些本应废弃的产品，在普遍缺乏废弃物处理常识的条件下进行再利用，进而破坏环境，威胁人们的健康。而国内企事业单位淘汰的设备则由于繁杂的报废手续绝大部分是束之高阁，继续留在仓库里。这都是对电子资源和废弃物开发应用的极大浪费。

目前我国城市中大量的废弃电器电子产品的出路主要有三条：一是翻新改装后进入二手市场的二手产品。需要特别说明的是，这里所指的二手产品是由本应废弃的电器电子产品的零部件加工制成。这些本应废弃的零件或电池类产品的继续应用会对环境和人类健康造成极大危害。二是简单拆解、低水平再生利用。三是与生活垃圾一起填埋。众所周知，废弃电器电子产品处理不当会对环境造成污染。由于承接回收处理的部门大部分为无组织、非正规的部门，其要求的投资很低，因此小型投资商认为该种业务很有吸引力，最主要的诱因就是经济收益，此外的环境和职业健康问题则不在考虑范围内。

而回收处理成本无疑是经济收益中最重要的一点。其中，回收环节成本包括收购成本、回收者费用、物流费用、仓储费用等；处理成本主要包括再生材料价值、技术成本和购买废弃电子电气设备的费用。作为最主要的费用发生环节，处理成本中的购买费用是其最主要的支出。为保证处理厂的收支平衡，购买费用应大于等于可再生材料收入与处理成本的差值。因此，在某些家电的回收中政府补贴也是一项必不可少的政策，如前所述的以旧换新等一系列回收政策。

再生材料是废弃电器电子产品回收处理中最主要的收入来源，如果能采用先进工艺进行处理，废弃产品中的大部分金属资源和其他材料都能变废为宝，成为工业产品和电器电子产品的原材料以及清洁能源，从而产生良好的经济效益和社会效益。研究表明，很多物质中存在大量具有极高回收利用价值的贵重金属如金、银等，1t 废弃电器电子产品可获益 9193.46 美元（张颖等，2005），其可回收物及价值见表 1-9。可以认为废弃电器电子产品具有很高的潜在价值，蕴藏着巨大的商机，回收利用的前景广阔。但是，受处理工艺及处理成本的限制，可再生材料不能实现 100% 回收。2004 年日本电视机的再生率为 81%，空调为 82%，冰箱和洗衣机分别为 64% 和 68%。我国家电再生利用通则（国家标准）将冰箱、洗衣机、空调的再生率定为 75%、80% 和 85%，再生率定义为可回收重量占整个产品重量的比重。再生率的有效提高对城市矿产中所得的可持续发展效益及经济收益都有着深远影响（国家发展和改革委员会资源节约和环境保护司，2012）。

表 1-9　1t 废弃电器电子产品的回收价值

材料	比例/%	质量/kg	单价/（元/磅）	总价值/元
铜	20	400	0.98	392
铁	8	160	0.045	7.2
镍	2	40	2023	89.2
锡	4	80	2035	188
铅	2	40	0.21	8.4
铝	2	40	0.71	28.4
锌	1	20	0.48	9.6

材料	比例/%	质量/kg	单价/(元/磅)	总价值/元
金	0.1	2	3885.57	7771.14
银	0.2	4	34.4	137.60
钯	0.005	0.1	5019.16	501.92
塑料	30	600	0.1	60

资料来源：罗志华和周恭明，2006

废弃电器电子产品在资源流动性上的特点主要是由我国国情决定的。由于我国与发达国家处于不同的发展阶段，所以我国在对废弃电器电子产品属性的定义上与发达国家看法不尽相同。发达国家的电子废弃物属于"垃圾"，是不具备商品属性的，也就不具有价值，反而在丢弃时需要缴纳一定的垃圾处理费。而在我国，传统概念使得花"大价钱"购买的商品，即使废弃也不会按照"垃圾"看待，而必须"变卖"，并且要按照不同的年代、型号和新旧程度来按质论价。完全报废的电器电子产品也卖上几元甚至几十元。

此外，利益出发点的不同也使废物回收的良好初衷逐渐变了味道。发达国家回收电子废弃物是为了集中利用金属、废塑料等资源，政府给予企业一定的经济补贴，是为了鼓励企业承担防止污染环境的社会责任，处理企业的主要任务是对电子废弃物的破碎、拆解和分类完全处理，不求高利润率。而我国现行回收处理企业回收电子废弃物，主要目的是获取尽可能大的经营利润，其主要操作过程是将废旧电器经过简单维修后，在二手市场上出售。如此进行下去，环境与循环经济将不再是我国废弃电器电子产品回收处理的着重点，也就失去了其意义所在。

这种现象主要归结于国家人民生活水平较低，对廉价废弃电器的需求旺盛，使这些低价回收来的报废货有路可去，小商贩有利可图。我国现在的废旧电子产品回收处理行业是一个劳动密集型、科技含量很低的行业，市场准入的门槛很低，所需固定资产投资很小，因此形成了遍地开花的局面。相比于大投资的正规企业，非正规商贩能提供给消费者更高的回收价格。价值观上的差异最终导致了我国废弃电器电子产品资源流动的混乱无章现象，这就需要从我国实际情况出发，制定切合实际的管理办法、经营理念和技术政策（阎明，2005）。

总体来说，我国废弃电器电子产品的产生、回收与处理，以及相关法规与标准的制定与执行等情况不尽如人意。废弃物的再利用、再制造、再循环已远远落后于发达国家，若长期发展下去，必将严重影响我国城市经济（包含社会循环经济和生态平衡）持续健康的发展（牛冬杰等，2007）。城市中废弃的电子垃圾仍属于国家资源的一部分，更何况其中还不乏已面临枯竭的稀有金属等元素，具有很高的利用价值。作为一种再生财产，我们应最大限度地挖掘废弃电器电子产品的开发应用潜力，使其在城市循环经济的范畴内物尽其用，在这个资源日益枯竭的时代为国家的可持续发展战略锦上添花。

1.2.2　废弃资源对人类和环境的影响

废弃电器电子产品根据不同的功能和用途含有不同的结构及材料，这其中不乏对人类及环境产生巨大影响的各种有害物质。电路板富集多种有毒元素，如镉、铅、汞等，这些重金属在人体中累积达到一定程度后会造成慢性中毒。铅是重金属污染中毒性较大的一种，其危害主要表现在对神经系统、血液系统、心血管系统、骨骼系统等终生性的伤害上。调查显示，我国许多地方儿童铅中毒占有很高的比例，在我国南方以处理电子废弃物闻名的镇子，对 150 位儿童进行检测，铅中毒的有 130 多名。成年人铅中毒后经常会出现疲劳、情绪消沉、心脏衰竭、腹痛、肾虚、高血压等症状。此外，镉元素可引起"骨痛病"，并可侵害到肺、肾等重要器官。而汞中毒则会导致精神 – 神经异常、齿龈炎、震颤等症状。除此之外，含有极微量重金属元素的土壤同样也会影响植被的生长，不仅在收成和质量上大打折扣，含重金属元素的食物也是人体摄入有毒物质的常见途径。

除了金属，废弃电器电子产品中含有的卤素阻燃剂、发泡剂、制冷剂等也都是成分复杂的化学物质，如若处理不当同样会对环境造成显著危害（阎明，2005）。电子产品为了防止因短路发生电热故障而引起燃烧事故，要求其中的塑料、连接器和作为电子元器件载体的印制电路板具有一定的阻燃性，因此制作过程中往往在树脂中加入阻燃剂，其中阻燃性能较好的大多是卤素阻燃剂。常用溴化阻燃剂的成分包括多溴二苯醚（PBDE）和多溴联苯（PBBs），电子产品由于含有 PBDE 和 PBBs，在作为垃圾焚烧时会产生致癌及致畸胎性物质二噁英，可能造成严重且影响范围广泛的空气污染。

另一种有毒化学物质氟利昂是冰箱和空调常用的制冷剂，也是在许多电子产品生产过程中需要使用的清洗剂和发泡剂。它在地表附近表现极为稳定，不易产生化学反应；一旦进入同温层，在太阳紫外线的作用下就会迅速分解成游离氯原子和普通氧原子，破坏臭氧分子。据估计，这种反应周而复始地进行下去，一个氯原子最终会破坏一万个臭氧分子。有研究表明臭氧浓度每降低 1%，人类皮肤癌患者便会增加 4% ~ 6%。如若将氟利昂不经处理直接排放，将会给世界带来免疫系统破坏、生态异常等严重危害（高桂兰和谢华清，2011）。

然而，我国尚未建立明确的废弃电器电子产品回收机制，也未规定各类废弃电器电子产品的科学回收处理方法。绝大多数废弃电器电子产品不能通过正规渠道回收处理，因而被偏远地区的小作坊揽收。这些回收者不具备回收的资格及专业知识，他们通常采用"土方法"对电子垃圾进行低层次的简单拆解和回收，只收取有价值的材料，其余部分则如普通垃圾般随意丢弃、填埋甚至焚烧。焚烧会释放出大量的微粒，影响气候，使能见度降低，释放出的汞蒸气，对人类中枢神经系统的危害很大；同时还可能释放出多种毒性极强的气体如 CO、HCl、NO$_x$等，这些气体会在阳光作用下形成刺激性极强的光化学烟雾，造成大气污染（阎明，2005）。除此之外，原始的手工拆解手段也存在各种安全隐患。对电视机、冰箱、空调等大体积的废弃电器电子物通常使用锤子、切割机等机械进行"野蛮"拆解，以获取其中有价值的部分如线包金属、显像管等（沈书恩，2009）。这种无任何防护措施的粗暴做法不仅威胁到工人的人身安全，还可能在拆解过程中破坏某些关键部位导致有害物质的泄漏。

我国的废弃电器电子产品回收小作坊主要集中在浙江台州、宁波、舟山及广东贵屿等东部沿海区域。以广东贵屿镇为例，始于 1995 年的电子垃圾产业，使该镇雇佣了十几万来自安徽、湖南等地的民工，每年处理超过百万吨来自美国、日本、韩国等地的电子垃圾。由于处理手段极其原始，只能通过焚烧、破碎、倾倒浓硫酸提取贵重金属、废液直接排放等方法处理，造成了非同寻常的生态恶果。当地超过八成儿童患有呼吸道疾病，出现皮肤溃烂、行走困难、脱发等病症。外省民工为了每天 20 多元的工钱付出了极大的代价。而贵屿镇的问题在我国仅仅是冰山一角（严伟等，2006），它映射了我国废弃电器电子产品回收技术落后，缺乏监管的残酷现实。

国际上在健全废弃电器电子产品处理方法的问题上也在不断努力中。欧盟规定从 2005 年 8 月 13 起实施废旧电子电气设备（WEEE）的生产者责任；从 2006年 7 月 1 日起实施电子电气设备中限制使用某些有害物质（RoHS）指令，在电器中禁止使用六种有害物质，见表 1-10。除废弃设备整机外，WEEE 管理对象也包括电器的所有元件、部件和消耗材料。此外，WEEE 指令还规定了必须达到的回收率和再使用/循环率的量化指标，见表 1-11（吴国平，2003）。我国为了保持中国电器电子产品进入欧洲市场并拥有良好的竞争能力，同时也能追赶上国际标准，需要马上开展在废弃电器电子产品回收生态环境保护方面的工作。而由于我们几乎是从零起步开始实施新指令，所面临的来自各方面的困难将更多。

表 1-10　RoHS 指令限制使用的六类有害物质

序号	指令限制的物质	使用该物质的例子	指令规定的免除
1	水银（汞）	温控器、传感器、开关和继电器、灯泡	含汞量不超过规定值（5mg、8mg 或 10mg）的紧凑型和通用直型荧光灯、特殊用途直型荧光灯等

续表

序号	指令限制的物质	使用该物质的例子	指令规定的免除
2	铅	焊料、玻璃、PVC 稳定剂	CRT、电子元件和荧光管玻璃；合金钢中铅<0.35%、合金铝中铅<0.4%、合金铜中铅<4%；服务器、存储器等焊料（2010 年止）、网络基础设备用焊料、电子陶瓷
3	镉	开关、弹簧、连接器、外壳和印刷电路板、触头、电池	
4	铬（六价）	金属防腐蚀涂层	吸收型冰箱制冷系统
5	多溴联苯（PBBs）	阻燃剂、印刷电路板、连接器、塑料外壳	
6	多溴二苯醚（PBDE）	阻燃剂、印刷电路板、连接器、塑料外壳	

资料来源：欧洲议会和欧盟理事会，2003

表 1-11　产品类别的回收率和再使用/循环率　　（单位:%）

产品类别	回收率	再使用/循环率
大型家用电器、自动售卖机	80	75
IT 和通信设备、消费类设备	75	65
小型家用电器、照明设备、电气电子工具、玩具、休闲和运动设备、监视和控制仪表	70	50
气体放电灯	—	80

资料来源：吴国平，2003

　　虽然指令中已经规定了生产者的责任，但更为关键的是这些责任是否能够落实以及如何落实。在地球资源日益枯竭的今天，环境保护及资源循环是我们在进行每一步措施之前都要扪心自问的一个问题。城市是人类生活的家园，是我们亲手建造，也正在亲手毁灭的家园。而在人类破坏生态环境的众多记录中，废弃电器电子产品的回收处理无疑是我们有能力掌控的。针对这一问题，显然在国人环保意识逐渐提升的前提下，政府的法律法规及政策也是必不可少的。消除废弃电器电子产品的污染需要国家与人民的共同努力方能达成，而这一切都是为了当下更健康的生活环境以及今后更长远的可持续发展。

1.2.3 废弃电器电子产品开发应用的现实意义

1.2.3.1 维持人类社会的可持续发展

人类社会的可持续发展是当今世界各族人民在资源能源日益短缺，生态环境受到严重破坏的大背景下所达成的共识。党的十八大顺应发展潮流，更是把"生态文明"提升到前所未有的高度，报告指出："建设生态文明，是关系人民福祉、关乎民族未来的长远大计"。当今我国社会经济发展的时代特征是落实科学发展观，大力发展循环经济，努力建设"环境友好型"和"资源节约型"的和谐社会。电器电子产品在科技高度发达的今天已经深深地融入到人类的社会活动中，然而，电器电子产品的迅猛发展和快速淘汰，产生了大量废弃电器电子产品。废弃电器电子产品基数大、种类多、增长快，同时也包含着大量的有毒有害物质，威胁着人类健康和生态平衡，给生态环境带来沉重的负荷。

然而，废弃电器电子产品是"放错了地方的资源"，只要经过恰当的处理，就可以挖掘出蕴藏其中的大量具有回收价值的资源。日本是自然资源贫国，但是，日本学者南条道夫等根据对日本国内蓄积的可回收金属总量进行测算后发现，日本是世界上的"资源大国"，日本国内可回收的黄金近6800t，约占全球天然矿山储量的16%，储量排名第一；银60 000t，约占全球天然矿山储量的23%，储量排名第一；铟1700t，约占全球天然矿山储量的38%，储量排名第一；铅5 600 000t，储量排名第一。金、银、铟以及铅等金属资源的主要来源就是大量的废弃电器电子产品。这组数据也足以说明废弃电器电子产品是隐藏在我们身边的"城市矿山"（大塚健次和彭永清，2008）。

废弃电器电子产品的开发应用改变了其从"摇篮"到"坟墓"的命运。通过合理的开发利用，可以回收其中大量的有价值的资源，实现废物资源化，从而减少自然资源的攫取。同时，废弃电器电子产品的处理减少了污染物质的排放，可以最大限度地降低其带来的环境负荷，减小其对人类健康和生态环境的影响。因此，从生态文明的角度和人类赖以生存的资源能源来说，废弃电器电子产品的开发利用都是人类社会可持续发展的必由之路。

（1）降低废弃电器电子产品的环境负荷

废弃电器电子产品不仅包含大量资源，也包含着大量有毒有害物质。如果直接将废弃电器电子产品按照传统工业社会中"资源→产品→废物"的单向线性流动，直接作为废物处理，会对人类和环境带来以下危害：①有毒有害物质威胁人类健康，污染环境，破坏生态环境平衡；②任意的废弃填埋占有大量的土地资源；③直接废弃是资源和能源的极大浪费（张安峰，2005）。因此，废弃电器电子产品如果没有经过有效的开发应用会带来严重的环境负荷。废弃电器电子产品的开发应用能够促使物质资源的循环，在传统单向线性经济的基础上引入反馈流程，如图 1-4 所示，在生产设计阶段减量化（reduce）以节约资源，在完全废弃之前再使用（reuse）以提高资源的使用效率，在寿命结束之后再循环（recycle），将废弃电器电子产品资源化，形成"循环经济"模式（郭汉丁和张印贤，2008）。循环经济，即在经济发展中，实现废物减量化、资源化和无害化，使经济系统和自然生态系统的物质和谐循环，维护自然生态平衡，是以资源的高效利用和循环利用为核心，以"减量化、再利用、再循环"为原则，以低消耗、低排放、高效率为基本特征，符合可持续发展理念的经济增长模式，是对"大量生产、大量消费、大量废弃"的传统增长模式的根本变革（高慧荣，2009）。废弃电器电子产品的开发应用采取循环经济，以资源循环的方式进行物质交换，最大限度地利用系统的物质和能量，把经济活动对自然环境的影响降到最小的程度，实现了废弃电器电子产品环境负荷的降低（阎利，2008）。

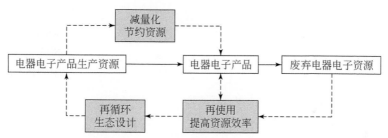

图 1-4　废弃电器电子产品再生利用循环经济运行模式（高慧荣，2009）

（2）废弃电器电子产品的资源化

废弃电器电子产品中资源丰富，种类齐全，几乎囊括了元素周期表中所有的常规元素，而且富含金属资源。废弃电器电子产品的金属资源一般占有 40% 左右，塑料和难熔氧化物各占 30% 左右，如图 1-5 所示（Gramatyka et al.，2007）。典型的金属资源包括金属 Cu、Fe、Sn、Ni、Pb、Zn、Ag、Au 和 Pd 等。根据日本《金属时评》杂志统计数据，在废弃电器电子产品中，黄金储量占天然矿山储量的 14%；银储量占天然矿山储量的 8%，高达 6 万 t；而铟、铅、锂等的储量均占天然矿山储量的 20% 以上。资料表明，从 1t 废旧手机中可以提炼 300 ~ 400g 黄金、2kg 银、150kg 铜；而 1t 废旧个人电脑中可以回收 300g 黄金、1kg 银、150kg 铜（黄珊艳，2012）。相比之下，天然矿山 1t 金矿石平均只能提炼出

5g 左右的黄金，其品位仅是废弃电器电子产品资源的 1/80～1/60 倍。由此可见，"城市矿山"是高品位的优良矿产资源。图 1-6 将自然资源的开采过程和废弃电器电子产品的回收再利用过程进行了对比。从自然资源中开采金属需要经历如图 1-6（a）所示的一系列步骤：开采天然矿石，选矿富集和对富集的矿石进行熔

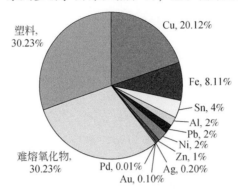

图 1-5　废弃电器电子产品中典型材料所占百分比（黄珊艳，2012）

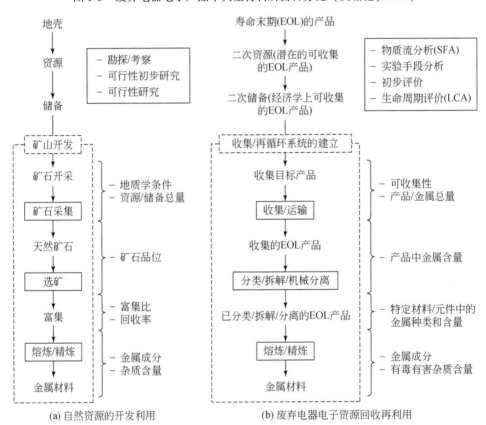

(a) 自然资源的开发利用　　　(b) 废弃电器电子资源回收再利用

图 1-6　自然资源开发利用和废弃电器电子产品资源回收再利用类比

炼/精炼。通常在矿石开采之前都要进行勘探、考察以及进行可行性研究，以确定矿石的品位、矿藏的储量以及适合开发的区域等一些地质学信息。废弃电器电子产品资源的再回收利用和自然资源的开采一样，也需要经历一系列的勘察、可行性研究等工作。废弃电器电子产品种类繁多，不同种类的废弃电器电子产品所包含的金属以及有毒有害物质的种类和富集程度各不相同，回收处理工艺也各不相同。因此，要经过实验手段分析、物质流分析（SFA）以及生命周期评价（LCA）等一系列手段，详细了解这类废弃电器电子产品的特征，确定不同金属资源的含量、回收渠道以及相关的回收技术、成本等。最后，经过工程学设计建立起相应废弃电器电子产品种类的回收再循环系统。

对比可以发现，虽然自然资源的开采和废弃电器电子资源的回收利用需要经历相似的技术流程。但是具体来说，废弃电器电子资源的"开采"更具经济性。首先从可收集性角度来说，自然资源由于地理条件的限制富集在特定的区域，往往远离大量需要这些资源的城市，因此运输将成为自然资源开采的巨大负担，而且自然资源开采过程中需要大规模兴建相应的配套设施。相反，废弃电器电子资源藏身于城市之间，只要建立起完备的回收管理体系，资源收集相对比较容易。其次，废弃电器电子产品中金属资源的富集程度远远高于自然资源，尤其是金、银、铜等贵金属资源（Oguchi et al. , 2011）。最后，废弃电器电子产品类包含的金属种类相对丰富，一次回收可以获得多种高经济价值的金属资源；相对来说自然资源一次开采获得的金属资源种类比较单一。

可见，废弃电器电子产品中蕴藏着丰富的金属资源，且相对于自然资源的开采具有更高的经济效益，具有潜在的再生资源属性。只要以适当的技术手段将废弃电器电子产品中的再生资源充分利用，不仅可以大大的缓解能源资源短缺的尖锐矛盾，同时还可以带来巨大的经济效益。

1.2.3.2　促进国家废弃电器电子产品管理体系的完善

废弃电器电子产品的开发应用是一项复杂而综合的课题，涉及国家立法和监督管理，生产者和消费者的责任及义务，回收机制及经费来源等方方面面的问题。我国的废弃电器电子产品管理体系相对于欧盟国家起步较晚，目前还处于发展阶段，国家的相关法律法规还在完善和细化中，国家机构的监督管理薄弱，生产者和消费者的责任及义务没有严格界定，回收机制、经费来源或补贴细则尚处于试水阶段。然而，废弃电器电子产品开发应用必须依赖于完善的国家废弃电器电子产品管理体系的运作。因此，完善的废弃电器电子产品管理体系是废弃电器电子产品的开发应用的迫切诉求，废弃电器电子产品开发应用的进程必将促使国家的回收管理体制不断的建立健全。

（1）立法和监管层面

欧盟各国如德国、荷兰、瑞典等从 1990 年先后颁布实施了电子废弃物管理法。与中国近邻的日本和韩国也分别于 1998 年和 1992 年颁布了废弃物再利用的相关法律。中国台湾地区也较早地进行了废弃物清理法的修订。我国废弃电器电子开发利用的相关法律法规政策起步相对较晚，图 1-7 列举了自 2002 年以来我国颁布的关于废弃电器电子相关的法律和政策。为了促进清洁生产、提高资源利用效率，减少和避免污染物的产生，保护和改善环境，保障人体健康，促进经济与社会可持续发展，我国于 2002 年和 2004 年分别颁布了《中华人民共和国清洁生产促进法》和《中华人民共和国固体废物污染环境防治法》，这两部基本法从宏观上概述了清洁生产、节能减排以及废物利用的指导思想；2008 年颁布了《中华人民共和国循环经济促进法》，正式从法律的角度提出"循环经济"的概念，提高资源的利用效率。但是，这些基本法中没有明确地提出"废弃电器电子产品"的概念。

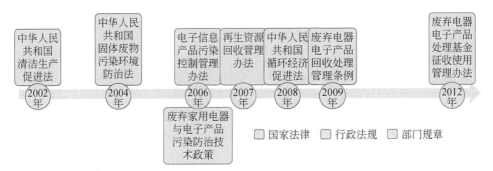

图 1-7　我国废弃电器电子回收利用相关法律法规

专门针对废弃电器电子产品的行政法规是国务院于 2009 年颁布的第 551 号国务院令《废弃电器电子产品回收处理管理条例》。事实上，该条例从 2002 年就开始着手讨论编制，真正生效时间是 2011 年 1 月 1 日，这就意味着在长达十年的时间里，我国政府没有真正地形成废弃电器电子开发应用的监督和管理体系。这是第一部国务院层面的专门针对废弃电器电子产品的管理条例，被称为"中国的 WEEE 指令"。这部条例的颁布实施，使中国的废弃电器电子产品管理体系又向前推进了一步。

我国对废弃电器电子产品开发应用的监督管理意识一直比较薄弱。横向来看，主要是相关政府机构职能重叠，责任分工不明晰。2006 年信息产业部、国家发展和改革委员会、商务部、海关总署、工商行政管理局、国家质量监督检验检疫总局和国家环境保护总局七部门参照《中华人民共和国清洁生产促进法》

和《中华人民共和国固体废物污染环境防治法》联合颁布了《废弃家用电器与电子产品污染防治技术政策》，该政策定义了电子信息产品中所含有的有毒有害物质及元素，并提出了控制措施，被称为"中国的 RoHS 指令"；然而，该政策中仅是笼统提及上述七部委在"在各自职责范围内对电子信息产品的污染控制进行监督和管理"。同年，国家环境保护总局又独自颁发了《废弃家用电器与电子产品污染防治技术政策》，该政策只是提出了指导思想及相关污染防治技术建议。直到 2007 年，商务部、国家发展和改革委员会、公安部、建设部、工商行政管理局和国家环境保护总局联合颁布的《再生资源回收管理办法》中才明确提出各部门的监督管理职责。纵向来看，中央政府制定的相关政策在地方政府解释执行的过程中会由于利益驱动出现偏差，导致监督管理不到位。例如，国家环境保护总局 2000 年颁布了《关于加强限制进口类废物审批管理有关问题的通知》，但事实上直到 2008 年仍有大量的废弃电器电子产品进入中国（Yu et al.，2010）。

（2）生产者和消费者的责任及义务

生产者作为电器电子产业链中的上游，对其所生产的产品有不可推卸的责任。消费者作为电器电子产品的最终使用者也应尽到相应的环境保护义务。目前，欧盟及其他国家和地区推行的方式是生产者责任延伸制（EPR），生产者责任延伸制是指生产者不仅有责任设计、生产质量最好的电器电子产品，满足市场需求，还应对其设计、生产的电器电子产品在生命周期的后消费阶段承担相应的责任（张友良和田晖，2005）。2006 年环境保护部颁发的《废弃家用电器与电子产品污染防治技术政策》明确提出"实行污染者负责的原则"，强调了家用电器与电子产品的生产者（包括进口者）、销售者、消费者对其产生的废弃家用电器与电子产品依法承担污染防治的责任。但是该政策并没有实际指出生产者和消费者分别应该如何承担其相应的责任和义务。同时该政策鼓励"开展公众环境宣传和教育，提高公众的环境保护和资源节约意识，采取措施激励生产者、销售者、消费者和再利用者等各相关方参与废弃家用电器与电子产品的回收和再利用的积极性"，提出了消费者应该参与我国的废弃电器电子产品回收体系。《废弃电器电子产品回收处理管理条例》中明确要求生产者、进口电器电子收货人或者其代理人生产、进口的电器电子产品应该"采用有利于资源综合利用和无害化处理的设计方案，使用无毒无害或者低毒以及便于回收利用的材料"，更强调生产者的责任，体现了生产者责任延伸制。然而，我国的"生产者责任延伸制"中生产者并不需要承担后续的回收处理责任，只要向国家缴纳基金，由国家来承担废弃电器电子产品的回收处理。但是该条例没有强调消费者的责任和义务。我国公民普遍缺乏对于废弃电器电子产品危害的了解，缺乏参与废旧家电回收处理的主动性和积极性。因此，应该从国家层面上加强公民废物回收利用意识的培养（王浩东和尚兰福，2006）。

（3）回收机制和经费来源与分配

回收机制和经费来源是废弃电器电子产品管理体系的关键，可以说，废弃电器电子管理体系的成功很大程度上依赖于畅通的回收渠道和有保障的支持经费。《废弃电器电子产品回收处理管理条例》规定国家对废弃电器电子产品实行多渠道回收和集中处理制度，国家建立废弃电器电子产品处理基金，用于废弃电器电子产品回收处理费用的补贴，该处理基金主要由生产者缴纳，补贴的发放对象是通过环境主管部门审批的废弃电器电子产品处理企业。

2012 年 5 月 21 日印发的《废弃电器电子产品处理基金征收使用管理办法》中对废弃电器电子产品处理基金征收使用管理办法进行了规定，废弃电器电子产品处理基金为政府性基金，基金全额上缴中央国库，纳入中央政府性基金预算管理；电器电子产品生产者、进口电器电子产品的收货人或者其代理人履行基金缴纳义务；取得废弃电器电子产品处理资格的企业对国家指定《废弃电器电子产品处理目录》的废弃电器电子产品进行处理，可以申请基金补贴。图 1-8 为我国废弃电器电子产品回收处理经费来源与分配示意图。

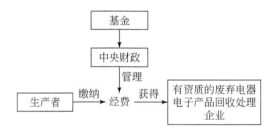

图 1-8　我国废弃电器电子产品回收处理经费来源与分配示意图

尽管目前国家废弃电器电子产品回收体系的框架已经建立起来，但是在实际操作中还存在很多困难。一方面相关部门对于企业的处理监管困难；按现行规定，企业需要自行申报处理产品数量，但是如何核实企业上报数量，产品的处理过程是否合乎国家法律规范，处理产物流向等问题都需要相关部门在实践中进一步摸索。另一方面，企业自身也面临着生存困境。企业需要垫付巨额成本，然而生产利润却不断被非正规回收渠道摊薄。因此，相关机构需要重新建立行业监管和回收体系，将其纳入科学可行的、正规的回收渠道中（黄文秀，2002）。

第2章 废弃电器电子产品开发
应用现状与问题分析

2.1 我国废弃电器电子产品开发应用的重点领域

众所周知，我国是电器电子产品的生产、出口和消费大国，2010年电视机、冰箱、洗衣机、空调、微型计算机等主要电器电子产品超过5亿台，其中一半用于出口（李博洋和顾成奎，2012）。按一般电器的寿命来算，20世纪八九十年代进入我国的家用电器陆续报废，而科技的日新月异又加快了电器电子产品更新换代的步伐，因此如何处理数量可观的废弃电器电子产品成为令人瞩目的焦点。为规范废弃电器电子产品的回收处理活动，促进资源综合利用和循环经济发展，保护环境，保障人体健康，国家发展和改革委员会从2001年开始，着手我国废弃电器电子产品回收处理的立法工作。2009年2月25日，温家宝签署了国务院第551号令，发布了《废弃电器电子产品回收处理管理条例》，并自2011年1月1日起施行。可以看到从条例的起草到实施花费了近10年的时间。一直以来，我国长期缺乏完善的回收处理体系，工艺技术上存在固有缺陷，故此，废弃电器电子产品不仅成为资源浪费的典型案例，也对环境和人们的生活造成了严重影响。可以看到我国废弃电器电子产品的开发应用正处于初级阶段，需要大量时间和不断尝试来建立并完善从废弃物回收、处理及再利用整个开发应用的产业体系。此外，废弃电器电子产品中往往储存了大量价值较高的资源。这些资源也是人们生产生活中的必需品，如铜、铝、铁及各种稀有金属和贵金属、玻璃、塑料等。在资源紧缺、原材料价格不断上涨、生产成本降低、电器电子产品功能不断提升的背景下，废弃电器电子产品的回收利用具有十分重要的意义。

事实上，电器电子产品种类繁多，体积较小者如MP3、电吹风机等，体积较大者如中央空调、巨幕背投等，简单、粗犷者如电熨斗、加湿器等，繁复、精密者如笔记本电脑、摄像机等。不同种类电器电子产品的制造工艺、合成材料、使用寿命，以及环境影响各不相同。不同种类电器电子产品废弃后的回收、处理、资源再利用的难易程度和成本效益也存在较大差异。因此，无限制地确定回收对象，建立理想化的体系，以及盲目地选择处理工艺都会对刚刚起步开始规范的废弃电器电子产品开发应用活动带来消极影响。此外，我国废弃电器电子产品回收处理体系尚未完全建立，依托法律法规和行业政策的效力发挥尚不充分，居民个人和相关电器电子产品生产企业的社会责任素养与环境保护意识尚需提高，加之相关回收、处理和再利用产业链结构较为松散，基础设施处于薄弱阶段。因此，从当前国情来看，无论是硬件还是软件环境并不具备满足对所有废弃电器电子产品进行开发应用工作的条件和保障措施。

从各项基础设施的建设，工艺技术的研发，法律法规和行业政策的加强，以及社会氛围和个人意识的培养角度上审视废弃电器电子产品回收利用的发展过程，不难发现这一过程的完善将需要很长时间。因此，我国废弃电器电子开发应用需要首先区分出重点领域。相关废弃电器电子产品的开发应用需要按种类、按批次的不断完善。国外废弃电器电子开发应用的经验也证明早期突出回收和处理产品种类的重点，逐步积累经验，稳步推进回收处理的体系以及效益，完善回收种类是该项工作发展的客观规律。因此，从废弃电器电子产品"城市矿产"产业链发展的角度看，有必要根据我国国情确定出废弃电器电子产品开发应用的重点领域。

我国废弃电器电子产品的开发应用正处于初始阶段，这就决定了回收处理产业应以典型的废弃电器电子产品作为再生资源的对象。因此重点领域的确定应与以下三点有关，一是废弃电器电子产品的实际种类与储量；二是废弃资源回收、处理及资源再利用的成本效益（蕴藏资源与回收和处理成本之间的联系）；三是相关政策法规的支持与推动情况。

电器电子产品可按多种形式分类。例如，电器电子产品操作的难易程度、大小、用途、能量转换方式，以及经营目录等。常见的电器电子产品也多达几十种。因此，重点领域的确定要遵循人们日常生活所需、周期较短、更换频率较高、数量大的原则。2009 年，我国电视机、冰箱、洗衣机、空调、电脑等主要家电产量近 5 亿台。同时，中国已经进入家用电器电子产品的报废高峰期（杨辉，2012）。加之近年国家为鼓励居民消费，促进内需实施的"家电下乡"、"以旧换新"等惠民补贴政策。上述五类产品的年报废量将超过 5000 万台，报废率年增长 20%（Gramatyka et al.，2007）。因此，以经营目录分类为准，上述五类废弃产品属于种类鲜明、数量巨大的电器电子产品，可以作为我国废弃电器电子产品开发应用的重点领域。此外，手机功能的迅猛发展不仅给人们的生活带来了巨大变化，并且相比于其他电器电子产品，手机具有使用寿命短、更新换代速度更快、更换更加简便等特点，使得废弃手机给环境带来越来越沉重的环境负担。2007 年时我国每年报废手机的数量就可达到 6000 万部（何益波，2007）。手机按键触点上往往为金镀层，这就导致相同质量的不同废弃电器电子产品中，手机含有的贵金属价值较高，加之数量巨大，就成为潜在的"城市矿产"资源。因此，废弃电器电子产品开发应用的重点领域同样应包含手机。

　　首先，从种类和存量上看，电视机、冰箱、洗衣机、空调、电脑以及手机已经成为回收和处理的重点领域。其次，从成本效益上看，提炼废弃电器电子产品所蕴含的金属比精矿利润更大，不仅是因为处理费用更低廉，还因为许多电子产品中含有的金属价值超过精矿。费用节省主要体现在能源节省上，因为回收废弃电器电子产品所消耗的能量要远低于精矿的勘探、冶炼，以及精炼的能耗。根据Boliden公司2011年的报告数据，从废弃电器电子产品中提炼金属所消耗的能量仅为精矿冶炼与精炼的10%～15%。此外，以手机为例，手机中含有10%～15%的铜、500～700g/t的银和150～400g/t的金，还有少量的铂族金属。图2-1以2008年和2010年价格为准比较了两者所含的铜、银和金的价值。随着金属资源的紧缺，市场资源消耗和原材料市场竞争的日趋激烈，上述六类废弃电器电子产品由于其所含金属质量较高、拆解便捷、数量巨大，可作为金属资源开发应用的"富矿"。最后，从相关法律法规上看。国家2012年5月21日颁布，7月1日实施的《废弃电器电子产品处理基金征收使用管理办法》（简称《办法》）已经要求相关电器电子产品生产者、进口电器电子产品的收货人或者其代理人应当按照《办法》的规定履行基金缴纳义务。除了生产者以单纯地追逐经济价值和社会效益作为根本驱动力生产电器电子产品外，基金的建立和征收《办法》的实施，也为相关部门和企业承担保护环境的责任提供了物质基础。同时也为废弃电器电子产品作为"城市矿产"成为循环资源提供了保障。《办法》中指出了废弃电器电子产品的"量"与"范围"。《办法》第二章第五条规定"基金分别按照电器电子产品生产者销售、进口电器电子产品的收货人或者其代理人进口的电器电子产品数量定额征收"。第二章第六条规定"纳入基金征收范围的电器电子产

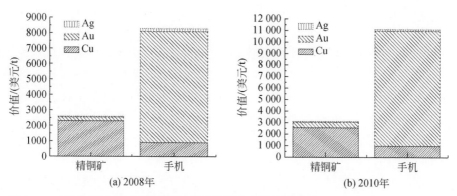

图2-1　2008年和2010年精铜矿和手机中所含金属价值的对比（Oguchi et al.，2011）

品按照《废弃电器电子产品处理目录》（简称《目录》）执行"。这就从政策上初步规定了废弃电器电子产品回收、处理和再利用的重点领域，即电视机、冰箱、洗衣机、空调、电脑。值得注意的是，《目录》中包含的废弃电器电子物多为体积较大产品。无论是回收、运输，还是仓储和拆卸成本均较高。而手机体积较小、结构简单、上述成本压力相对较小。因此，虽然尚未列入《目录》中，但也不会对其开发应用的潜在价值产生影响。

综上所述，无论是从废弃电器电子产品的种类和数量，开发应用的成本，还是相关政策法规上看。电视机、冰箱、洗衣机、空调、电脑，以及手机都应作为废弃电器电子产品开发应用初级阶段的重点领域。

2.2 废弃电器电子产品回收途径现状与问题分析

2.2.1 国外废弃电器电子产品回收途径概述

目前，在一些发达地区，如欧盟各国，其回收体系的运作基本一致，都是通过设立区域范围内的回收点进行回收，这些回收体系主要由政府、生产商和销售商建立。

2.2.1.1 德国

生产者责任延伸制（extended producer responsibility，EPR）的基本原则是谁污染谁治理。EPR 是一种新兴的环境政策工具，它的概念最早由瑞典环境经济学家 Thomas 在 1990 年给瑞典环境署提交的一份报告中提出，随后该制度被大多数的经济合作与发展组织（Organzation for Economic Cooperation and Development，OECD）国家所接受并得以实施，可以说 EPR 代表了发达国家废物管理模式的重要发展趋势。EPR 作为一项环境政策，旨在降低产品对环境的总体影响，它要求产品的生产者对产品的整个生命周期负责，特别是产品使用寿命终结后的回收、循环利用和最终处理。EPR 制度的实施，不仅消除和减少了废物的环境负荷，而且提高了废物的管理效率，扩大二手产品和循环再利用材料的需求。同时，EPR 制度促使生产者对产品进行生态化设计，以利于产品的回收处理（王茵，2008）。

德国于 1994 年 9 月 27 日制定了《促进循环经济和确保废物无害环境处置法》（简称《循环经济和废物管理法》），该法律奠定了生产者责任延伸制度的基础。因此，德国建立了基于生产者责任延伸制的电子废弃物回收再利用系统，该系统代表了一类典型的竞争型的废弃物再生资源化模式,其中包括法规制度约束、经济激励机制。EPR 系统的两个关键在于市场经济的激励机制和环境友好的处理效果。一个有效的 EPR 管理体系需要兼顾各个相关实体的经济、社会、环境等多方的利益。在 EPR 电子废弃物回收处理系统中,德国各利益相关者的责任见表 2-1(张科静和魏珊珊,2008)。其中,联邦环境部(BMU)是电子废弃物回收处理的主管部门,负责注册登记生产商的品牌、公司、地点、产品类型,并颁布注册号。德国现有的回收和物流运输责任制为集体承担方式,所有各类电子废弃物不分品牌和厂商,统一进行回收。生产商承担电子废弃物回收处理经济责任的方式可分为两种:独立承担延伸责任形式与集体分摊延伸责任形式,对于包装材料等短生命周期的产品主要采用独立承担延伸责任形式。

表 2-1　德国电子废弃物回收处理体系各利益相关者的责任

相关者	相关责任
联邦环境部（BMU）	监督执行情况和效果
德国废旧电器登记基金会（EAR）	协调系统运作;收集信息并上报联邦环境部
消费者	可免费将电子废弃物送到社区回收点
市政回收点	免费回收电子废弃物;可以选择某类进行拆解处理
生产商/进口商	负责从回收点将电子废弃物运到专业处理厂,进行环保处理（可以委托第三方）
渠道商	参与回收
处理商/拆解商	符合环保、健康和安全等规定,提供再生资源化信息
物流运输商	承接生产商的委托,将废弃物运往处理厂

德国废弃电器电子产品的回收由市政当局和生产者共同负责,其指导思想是减少污染,节约能源,通过各种途径为民众废旧电器的回收提供方便,保障废弃电器回收途径的畅通。在现有的回收系统上,德国增加了专门的管理协调部门。首先市政当局利用已有的公共废弃物收集点负责免费回收消费者和销售商收集的废弃电器电子产品,回收容器满后通知德国废旧电器登记基金会(Elektronik Altgerte Register,EAR)。EAR 是由德国电气与电子行业协会和德国信息技术、电信和新媒体协会发起的,它作为管理机构,总体协调电子废弃物回收处理系统,确定并发布电子废弃物处理成本的计算方法。其次销售商也可以接收消费者上交的废弃电器电子产品。同时,生产者也可以建立个体的或集体的回收系统,并负责在收集点放置回收容器、安排物流运输、再生利用等(唐红侠,2012),如图 2-2 所示。

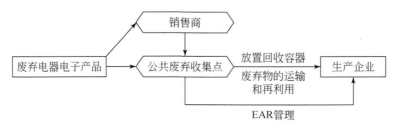

图 2-2　德国废弃电器电子产品回收途径

目前，德国废弃电器电子产品收集系统基本由 4500 个公共废物管理机构设立的收集点，30 000 个商业收集点，以及 1000 个生产商提供的收集点组成。其中，60% ~ 70% 的废弃电器电子产品由市政当局公共废物管理机构收集，30% 由私人公司收集。专业的回收机构有欧洲生态网（ENE）、欧洲再生利用平台（ERP）、照明回收服务公司（Lampen-Recycling und Service GmbH）、专业回收体系（ProReturn）、可宁卫清洁公司（Fliege Cleanaway GmbH）、海尔曼管理公司（Hellmann Process Management GmbH）。2006 年德国共有 183 万 t 的电器电子产品流入市场，回收废弃电器电子产品 75.4 万 t，根据回收的废弃电器电子产品种类不同，2006 年德国回收率达 50% ~ 80%。根据 EAR 统计，2006 年德国废弃电器电子产品的回收中重量超过 8kg/人，比欧盟指令中的目标（4kg）多出一倍，回收责任 100% 被履行，已经有 10 000 个生产者在 EAR 注册，并且通过 UBA 和联邦网络局（Federal Network Agency）的合作及严厉处罚，不履行责任的"搭便车"现象明显减少。这是由于德国法律鼓励各方面参与回收，而且规定任何一家企业或个体回收市场占有率不得超过 25% 来有效促进回收市场的竞争，从而激励了利益相关各方积极参与回收。

2.2.1.2　荷兰

荷兰 2004 年通过的《电子废弃物管理法令》规定，生产者各自单独的延伸责任可通过生产者联合组织来集体承担。此外，法律还规定销售商有义务免费从消费者手中回收功能类似的废弃电器电子产品（以旧换新），并将收集到的产品交给生产者或交到市政当局所设的公共收集点，也可以拒绝回收被污染且可能威胁收集者健康的废弃电器电子产品。维修者维修过程中发现的报废产品，可以交到公共收集点或是交给生产者。市政当局须确保废弃电器电子产品通过各个公共收集点被分类收集，并对消费者、销售商和维修者送来的产品免费接收。生产者则需免费回收和再生利用来自销售商、维修者和市政当局收集点的产品，并承担相应的费用支出。另外，市政当局与荷兰金属和电子产品处置协会（NVMP）和信息技术产品环境系统（ICT-Milieu）协商建立区域性收集站；NVMP 和 ICT-Milieu 提供收集容器，主要负责电子废弃物回收管理工作，并雇用运输公司在容器装满后将其运到循环利用厂（唐红侠，2012），如图 2-3 所示。

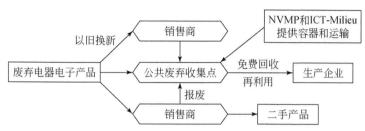

图 2-3　荷兰废弃电器电子产品回收途径

　　由图 2-3 可以看出，荷兰家庭废弃电器电子产品的回收活动主要通过 NVMP 或信息与通信技术（ICT）环境基金和废品回收商两种渠道完成，其中免费交付 NVMP 和 ICT 环境基金的废弃电器电子产品，一是通过以旧换新来实现，即购买新产品时可以将相似的废弃产品交给零售商，不用支付废物处置费；二是直接送至市政当局指定回收点，或者由市政府服务部门收运，但须缴纳运输费用，这些废弃电器电子产品由生产者收集和运输至 NVMP 和 ICT 环境基金签约的处理企业。NVMP 通过招投标方式在各个区域分别与一定数量的回收点、物流商（运输商）和废弃电器电子产品处理工厂签订商业合同，回收点、物流商和处理商则根据合同履行各自职责。零售商回收这样的组织形式为其以旧换新业务留下空间，也可以继续保留他们早先拥有的客户源和维修业务。荷兰现有的住户废弃电器电子产品由 NVMP 和 ICT-Milieu 回收，并且只有与这两个机构签约的处理企业可以获得废弃电器电子产品。废品商回收的则流向二手交易市场，或由回收企业处理后再使用。目前约有 31% 的废弃电器电子产品由 NVMP 和 ICT 环境基金回收和处理，其中市政回收点收集的废弃电器电子产品约占 85%，零售商以旧换新收集的废弃电器电子产品约占 14%，另有约 1% 通过其他渠道回收。

　　NVMP 和 ICT-Milieu 所回收管理的电子废弃物种类不同，NVMP 回收除 WEEE 指令规定的第三类产品之外的其他电子废弃物，而 ICT-Milieu 则仅回收 WEEE 指令规定的第三类产品即废弃信息技术（IT）产品和通信设备，两者的比较见表 2-2。这两个组织要定期向荷兰政府（由荷兰住宅、空间规划与环境部主管）详细通报参加其组织的生产者名单和相关信息以及回收管理系统的运行情况，以接受政府的监督和检查（阎利和刘应宗，2006）。

表 2-2　荷兰 NVMP 和 ICT-Milieu 回收管理系统比较

比较项目	NVMP	ICT-Milieu
回收类别	除 IT 和通信设备外的其他电子废弃物	废弃的 IT 和通信设备
是否收取可见费用	是	否
回收途径	主要通过市政设施回收	主要通过市政设施回收
回收比例	高	高
回收效率	好	好
是否做广告宣传	是	否

2008 年，荷兰电器电子产品人均市场流入量为 28.2kg，人均报废量为 22.4kg，共报废 37.4 万 t 电器电子产品。根据 NVMP 和 ICT 回收处理 5.7kg/人估算，荷兰当前废弃电器电子产品处理量约为 9.3 万 t。

2.2.1.3　芬兰

芬兰各地方环保和垃圾处理部门定期派出电子垃圾回收车在居民区巡回回收电子垃圾，回收的电子垃圾会运送到处理厂。目前，芬兰每年回收利用的电子垃圾中，50% 是由库萨科斯基公司进行分类加工处理的，该公司在芬兰全国各地有数十个垃圾回收站，负责回收各种电子垃圾和金属垃圾（安小等，2007）。同时芬兰政府设置的相关垃圾回收中转站及垃圾处理中心也对电子垃圾进行回收。为了有效地开展垃圾分类回收工作，在芬兰各个城镇的居民区和大型购物中心，都设有不同颜色的废品分类回收箱，并定期由专门的回收公司运走。赫尔辛基地区有对外开放的三个垃圾中转站和垃圾处理中心，都设有废品回收点，免费回收各类可利用废品，对无法利用的垃圾只是象征性收费。人们可以将废报纸、旧家具、旧电器等废品运送到这些回收点的分类回收箱。回收站的工作人员会对某些废弃物进行前期的处理后再运往各种处理厂。例如，将废旧冰箱中的氟利昂抽出后，把冰箱连同其他金属废品一起送到金属处理厂回炉，将废木料处理成小片后送热电厂做燃料，各种玻璃瓶被送到玻璃厂当原料，花园里的绿色垃圾则送到垃圾厂去沤肥，废纸和纸板被运送到造纸厂再生利用。

1990 年成立的赫尔辛基回收中心公司在首都有五个服务及销售点，相当于"二手市场"，该中心公司的主要目的是提高闲置废旧物品的利用率，为了扩大回收业务，回收中心向人们提供免费租借小型拖车、三轮车等服务，以方便人们将物品自行运送到回收点。居民如无法将物品送到回收点，只要打电话预约，回收中心就会安排运货车免费到家中回收家具、电视、冰箱等大件物品。回收中心还到公司企业回收基本完好的办公家具、文件夹、纸张、墙纸、窗帘布等。同时，回收中心的回收车每月还定期在市区固定地点回收物品。

芬兰各城镇用于城市垃圾分类、运输、处理的所有费用，均来自各类用户缴纳的垃圾处理费。所付垃圾费的多少，根据每个用户垃圾箱容量大小和倾倒次数确定。为鼓励居民对垃圾进行分类，分类过的垃圾收费相对便宜，如对分类过的生物垃圾所收费用比混合垃圾低 40%。

因此，芬兰居民手中的废弃电器电子产品可以直接送到社区所在的回收中心，或者直接送到各个处理厂设置的回收站、政府设置的垃圾回收中心或者垃圾处理厂。闲置的废旧电器电子产品还可以与回收中心联系，进行再次利用，减少环境污染。然后垃圾中转站和处理中心及各个回收站的废弃电器电子产品将会被送往相关的处理厂进行最后的处理，如图 2-4 所示。

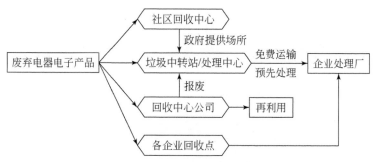

图 2-4　芬兰废弃电器电子产品回收途径

2.2.1.4　美国

美国是世界上最大的经济体，国内生产总值占世界总量的 20% 以上，居世界第一位。美国是世界上第一大生产国，同时也是世界上的进口大国和消费大国。因各种物资消耗量巨大，由此产生的各类废弃物的数量也十分可观。尽管由于人民生活水平较高，资源丰富，加之可以从世界各地获取廉价的资源，传统上美国对废弃物的回收利用率并不高。但随着清洁能源科技的巨大进步和环境保护理念的深入人心，美国政府和民众也十分重视循环经济的发展，并且由于强有力的法律保障和较高的国民环保意识，其循环经济发展十分迅速。

总体上，美国废弃电器电子产品回收渠道包括市政部门、销售商、回收商、非营利机构或环保组织、生产者或行业组织、政府伙伴关系项目，其中非营利机构、生产者和政府伙伴关系项目对促进废弃电器电子产品的回收发挥着重要作用。生产者多数通过行业机构参与废弃电器电子产品回收，例如美国电器制造商协会（NEMA）和美国贸易协会，尤其是一些美国跨国公司表现积极，直接参与废弃电器电子产品回收，如电器电子产品巨头苹果公司、惠普公司、国际商业机器公司（IBM）等。美国电子工业协会（EIA）发布了针对家用电视和技术设备的国家回收再利用规划，EIA环境问题委员会已经批准和发布了这一项联邦政策。这类回收活动多数是由跨国公司自发推动的，通过回收行动可以有力推动美国政府针对废弃电器电子产品管理立法，有利于其整体营销策略。非营利机构以美国废弃电器电子产品回收国家中心（National Center for Electronics Recycling）为代表。由非营利组织机构参与回收的方式有利于宣传和提高公众意识，同时节约政府行政管理成本，推动公众积极参与废弃电器电子产品回收。另外，美国电子产品回收联盟（ETBC）、巴塞尔行动网络（BAN）、硅谷毒性物质联盟、绿色和平等环保组织在促进公众意识的提高，完善回收网络，以及加快立法方面起到了积极作用。

美国属联邦制国家，在废弃电器电子产品回收处理立法方面主要由所属各州负责。许多州规定白色家电必须拆分再生后才能进行最后的填埋处理。回收渠道包括市政部门、销售商、回收商、非营利机构或环保组织、生产者或行业组织、政府伙伴关系项目。其中非营利机构、生产者和政府伙伴关系项目对促进废弃电器电子产品的回收发挥着重要作用。生产者多数通过行业组织机构参与废弃电器电子产品回收，其中非营利机构包括上面提到的NCER（李金惠等，2011）。美国电子产品回收中心的工作是研究、发起废弃物收集项目，主持全国电子产品回收技术设施信息中心工作等，其任务致力于发展和改进用于回收美国电子产品的国家基础设施。NCER是2005年成立的，与生产商、零售商和政府机构合作，主要发起废弃物收集项目，涵盖了53.9%的美国人口，所属是美国各州开展的项目，而不是由联邦政府主持，已经建立了废弃电子计算机等十套不同的回收产品机制。

现以美国加利福尼亚州的废弃产品回收系统为例（方成和翁心刚，2006），加利福尼亚州废弃电器电子产品回收系统的建立，采取以政府立法的方式为主导，在政府的组织下，将回收系统内的各主体紧密连接起来，从废弃电器电子产品的源头到最终的回收处理，进行严格的控制，力求各环节都能高效、稳定地运行。其回收系统的各个主体有零售商、消费者、被授权的收集者、被授权的回收处理者和最终回收者，如图2-5所示。

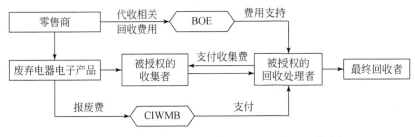

图2-5 美国加利福尼亚州废弃电器电子产品回收途径

零售商（也包括制造商）：在销售产品时从消费者手中根据产品的不同，分别收取 6 美元、8 美元、10 美元，作为回收费用。同时，零售商可以自己扣下 3% 的费用，1% 作为教育经费，剩余的交给美国税章审查委员会（BOE）。

消费者：消费者在销售点，也就是在购买产品时支付废弃电器电子产品回收费。另外，可能还需要支付报废费给收集者，由加利福尼亚州综合废物管理委员会（CIWMB）支付给被授权的回收者。

被授权的收集者：在 2005 年 1 月 1 日后，这些收集者通过 CA 资源（供加利福尼亚州消费者使用的一种网络信息资源）收集加利福尼亚州的废弃电器电子产品。这些被授权的收集者必须提供免费服务，但可以得到报废费来补偿他们维持网络系统的开支。

被授权的回收处理者：包括已注册的制造商，回收者从 CA 资源上获得每件 0.48 美元的回收费。回收者必须支付给授权的收集者每磅 0.2 美元的收集费，还必须提供处理的证据。处理的残余物不能排放到土壤、大气和水中。例如，目前美国的废弃电脑回收中心，先将整机或部件再利用，然后对于不可用的部件进行分拆，将塑料、金属、玻璃分门别类地分离出来；再进行熔炼（吕国强等，2003）。

最终回收者：最终回收者从被授权的回收处理者手中购得处理后的产品。

美国回收点分布广泛，包括零售商、生产商、政府、私人都在从事回收。美国在接受 EPR 的过程中，又在 EPR 的基础上提出了两个新概念："延伸产品责任"（extended product responsibility）与"产品全程服务"（product stewardship），强调被延伸的责任应是一种共担的责任。在政府的主导下，将回收系统内的各主体紧密连接起来，从电子废弃物产生的源头到最终的回收处理，进行严格的控制，力求各环节都能高效、稳定地运行（王红梅等，2010）。

2.2.1.5　加拿大

加拿大电子产品管理协会（Electronic Product Stewardship Canada，EPSC），作为加拿大电子行业建立的一个非营利性的组织，其职责是领导制定和实施电子废物的国家生产者责任延伸计划，并就此问题与相关政府部门和其他利益相关方展开积极沟通和磋商。从 2004 年开始，EPSC 在加拿大全国范围内展开为期五年的电子废物回收再利用计划，以鼓励消费者对他们的电子产品进行再使用和回收利用。

初期阶段，电子产品范围只涉及个人电脑、显示器、笔记本电脑、打印机和电视机。制造商和销售商针对每种电子产品需缴纳全国统一的环境处理费用。同其他生产者责任延伸制计划一样，保证计划顺利开展的资金是来自电子产品制造商缴纳的环境管理费，消费者在送交报废的电子产品时无须支付任何费用。全国范围内收缴的费用由 EPSC 统一管理，根据预先制定的原则和协议再分配给各省或地区政府指定的电子废物管理机构。

2012 年，不列颠哥伦比亚省有 100 多家便民回收网点，部分由民营业主经营，其余由政府及 Salvation Army 等服务机构设立。便民回收网点将根据产品的不同尺寸进行分类回收。废旧电子产品被送到回收项目网点后，再被输送到加拿大境内的处理企业，并在分离成不同材料后予以回收，分离出的材料可用于销售或制造新的产品。

如今，政府已将一些慈善机构、当地市政回收中心、零售商店等纳入电子垃圾回收点。而支持这些电子垃圾的管理和运营的资金，则来自于消费者在购买电子产品时交付的"环境处理费"。"环境处理费"是根据每件电子垃圾处理过程中产生的实际费用，并保证回收企业能得到一定利润的回报而设定的收费标准（张茂才，2012），如图 2-6 所示。

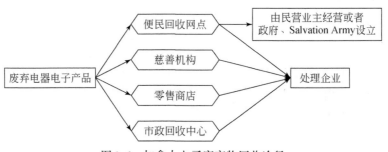

图 2-6　加拿大电子废弃物回收途径

2.2.1.6　日本

日本是亚洲地区较早完成工业化的国家，国土面积狭小、资源匮乏一直制约着日本工业的可持续发展。但凭借着其强大的科技实力、全球产业再分工及发展中国家逐步成为"代加工厂"，日本已经将能耗大、污染大、资源成本高的产业转移至海外，以降低本国资源和环境的损耗及破坏。但是庞大的制造工业产生的工业废弃物与国民产生的大量生活垃圾，依然是阻碍日本环境可持续发展的重要问题。根据日本环境省统计，日本目前国内的填埋场平均寿命只有约 10 年，也就是说再过 15 年左右日本产生的固体废物将无法直接填埋。加之由于地震等原因产生的大量建筑废弃物，固体废弃物填埋场寿命将进一步缩短。面对资源与环境的双重制约，日本提出了建立"循环型社会"以突破发展瓶颈，实现可持续发展。这也就奠定了日本各方，包括政府、企业及国民全部参与到设计、生产、回收处理、再利用这样一个物质流过程中。日本希望通过废弃物减量化、可循环资源的循环利用及适当处理手段，实现天然资源消费抑制、环境负荷减少的社会环境。受当前技术水平和成本的制约，还很难实现完全的物质循环，但可以先用一部分再生资源和能源，减少传统资源和能源开采与消费活动。其中，废弃电器电子产品的回收处理就是日本政府大力发展的内容之一。

日本废弃电器电子产品回收处理体系大致经历了三个阶段。20 世纪 90 年代以前，简单的回收金属，混入一般废弃物进行回收处理；1979 年粗大型固体废弃物处理设施数为 323 座，其余进入填埋场；90 年代至 21 世纪初，1991 年实施《资源有效利用促进法》，混入一般废物进行回收处理增多，1999 年粗大型固体废弃物处理设施数为 680 座，其余进入填埋场；2001 年以后，2001 年实施了《家电回收法》，进入指定处理设施的废弃物数量大增。2008 年指定处理设施处理废弃电视机、洗衣机、冰箱和空调数量占生产量的 55%，其余流向其他渠道，如二手市场或国外。

在 2000 年以前，日本处在"大量废弃型社会"阶段，一般废弃物的处理大体上分为收集、搬运、中间处理和最终填埋四个阶段。以 1999 年为例，1999 年一般废弃物总排出量是 5145 万 t，经过焚烧、破碎、压缩、化学生物等中间处理环节在废弃物处理过程中起着十分重要的作用（89.7%），最后到填埋场是 1087 万 t。可见中间处理过程在日本废弃物管理体系中处于十分重要的地位。而在 2000 年以后，日本将电视机、冰箱、洗衣机、空调等废弃电器电子产品从普通的生活垃圾中分离出来，流入专门的回收处理体系进行再资源化利用处置。有资料显示，在日本 4 种家电产品的年均废弃量大概为 2300 万台，其中约 1200 万台依据《家电循环利用法》处理，剩下的 1100 万台通过中间收集商或废品收购商重新进入流通领域。

在 21 世纪初，日本就已经开始全面推进控制产生废弃物、零件等再生使用，报废产品等材料的再生利用。相关法律要求制造者在产品的设计、制造阶段加强"3R"手段的运用。同时也严格规定了制造业者、消费者、政府和地方公共集团的责任，共涉及 10 个行业，69 种产品。其中，电视机、空调、冰箱、洗衣机、微波炉、干衣机为"指定省资源产品"和"指定促进再使用产品"，小型充电电池为"指定再资源化产品"。"指定省资源产品"是指其应当合理使用原材料，尽量延长其使用寿命，控制生产过程中的报废率。"指定促进再使用产品"是指那些易于进行再使用或零部件易于再使用的产品。"指定再资源化产品"是指那些应回收处理和再资源化利用的产品。

日本法律规定消费者有义务把废弃电器电子产品交给销售商、市政当局或家电协会，并缴纳废弃电器电子产品的终期管理费；销售商对自己销售出去的产品（包括早期售出和以旧换新）承担回收义务，并将回收的废弃电器电子产品运到区域性收集站，同时按规定向政府监管部门报告废弃电器电子产品收集和运输情况；市政当局应回收不在销售商收集义务范围内的大件废弃电器电子产品；当地方居民上交废弃电器电子产品有困难时，家电协会负有回收的责任。生产者负有回收废弃电器电子产品的义务，同时建立废弃电器电子产品的区域性收集站以接收由销售商和市政当局收集的废弃电器电子产品。可以说，日本废弃家电的回收处理网络已有序建设起来，其废家电回收的渠道及处理流向如图2-7所示。

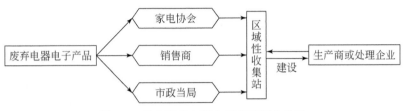

图 2-7　日本废弃电器电子产品回收途径

2.2.1.7　韩国

韩国政府高度重视废弃物的管理、节约及回收利用工作，有关法律和管理体制相对比较完善。中央政府制定全面的中长期规划，并对地方政府给予技术和财政支持。地方政府根据环境部确定的指导方针在管辖权限内制定详细的废弃物处置和管理计划，并负责组织实施。环境部根据废弃物品的类设定管理目标。在尽量减少废弃物的同时，致力于废弃物再利用，制定了废弃物再利用的有关政策。随着经济规模的增长和人民生活水平的提高，韩国废弃电器电子产品的生产量加速增加。由于国土狭小、资源紧迫，韩国严格制定并实施了有关废弃电器电子产品回收处理的法律法规用于保障回收处理体系的良性运转。

在韩国，政府负责制定废弃电器电子产品法律法规，赋予生产者再生义务，加强监督管理的工作。具体的废弃电器电子产品的回收处理活动的组织实施，是由韩国电子产业环境协会（The Association of Electronics Environment）来完成的。该协会的主要任务包括组织生产企业进行废弃电器电子产品回收处理活动，建立废弃电器电子产品回收处理的数据信息系统，对回收、再利用过程进行实际调查，发布相关信息和分析报告等；或在居民社区附近设置特定回收点，收集废弃电器电子产品。通过地方政府的回收体系，约占总回收量的30%的废弃电器电子产品被回收。私营回收者会为相对较新的电器电子产品支付一些费用，只有10%左右是通过专业回收公司回收，并作为二手商品出口至发展中国家或地区。因此，韩国的废弃电器电子产品主要通过销售商、政府回收体系和私营回收者三个途径进行回收，如图2-8所示。电器电子产品的销售商或生产者在配送新产品的同时免费接收消费者的旧产品，这种回收方式的回收量占总体回收量的60%，回收上来的废弃电器电子产品通过生产企业的物流中心送至拆解处理工厂进行再利用或无害化处置。政府有关部门根据"废弃物收费从量制"在居民社区附近设置特定回收点，收集废旧或废弃电器电子产品。废弃者需要为每件废旧电子电器贴上一个黄色标签，并需支付回收处理费。通过地方政府回收体系收集的废弃电器电子产品占总量的 30%，部分进入销售商回收处理渠道，部分旧有渠道作为二手商品出售或无害化处置。私营回收者会为相对较新的电器电子产品支付一些费用，因为大多数废弃电器电子产品经过维修可以再使用。私营回收者可以从这些旧产品或旧零部件中获利，另外还可以从销售商那里获取回收费。目前，只有约10%的废弃电器电子产品是通过专业的回收公司回收，并作为二手商品出口至发展中国家或地区。

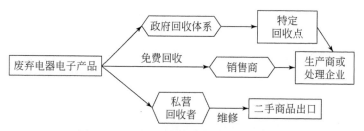

图 2-8　韩国废弃电器电子产品回收途径

销售商、政府及私营回收者回收和收集的废弃电器电子产品分别约为70%、25%及5%。截至2008年，每年配送购买新产品时回收废弃电器电子产品约占总回收数量的86%；通过地方政府回收约占13%；通过其他回收活动回收约占1%。生产者通过销售商建立的回收体系发挥了越来越重要的作用。2002年由生产者回收的废弃电器电子产品每年不到100万台，自2003年实施生产者责任延伸制后，每年回收数量超过150万台。2004年回收率最高的是冰箱，合法回收渠道回收的废旧和废弃冰箱为774万台，占当年预计废弃冰箱总产量的52.4%，而回收率最低的是计算机显示器，合法回收渠道回收的计算机显示器为169万台，只占预计报废量的6.5%。由此可见，韩国消费者大部分将濒临淘汰的电器电子产品暂时储存，而且还存在其他回收渠道，且回收数量较大。韩国电子产业环境协会处理中心废弃电器电子产品回收处量呈明显的增长趋势。其中冰箱、洗衣机和电视机处理量较大，废弃冰箱占重量比例最高，占一半以上。这是因为废弃冰箱回收数量大，且废弃冰箱重量远大于其他废弃电器电子产品，这与我国家电"以旧换新"废旧电视机占绝大多数的情况不同。韩国当前回收体系对大型家电的回收比对移动电话等体积小的电子产品的回收效果要好。

此外，法律同时规定，新产品的生产商对由这种"一对一"方式产生的电子垃圾的回收、运输和加工处理可以通过三种方式完成。第一种方式是制造商自行回收处理，自行承担费用。第二种方式是制造商通过加入"再利用事业共济组合"（Recycling Business Mutual Aid Association），通过该组织进行进一步处理。第三种方式是制造商将回收处理工作外包给专门的废弃物再利用公司，委托其代为完成回收服务。目前，韩国绝大部分电子产品制造商均选择第二种方式来完成这项工作（李猛，2008）。

由此不难看出，各发达国家废弃电器电子产品回收体系的主体通常由政府、生产商、销售商、回收者及消费者组成。其中，政府的监管和引领行为是保障各个环节有效运行的基础；生产者、销售者及回收者为回收体系的支点，并为消费者提供行为选择；消费者的参与是整个体系营造回收氛围的必然趋势，也是关键。

2.2.2 我国废弃电器电子产品回收途径概述

2.2.2.1 台湾

台湾当局自1998年开始建立自己的电视、冰箱、洗衣机、空调以及电脑等家用电器电子产品收回与回收系统，强制制造商和进口商回收他们的产品。这个家电收回与回收系统的运作是由制造商和进口商、回收费用审查委员会、回收金管理委员会、检验与认证委员会、回收和拆解者、政府、消费者联合组成。制造商和进口商为他们销售的每一件新的家电产品付出一部分费用作为回收资金，以保证有效的收回与回收系统。回收费用的多少根据每年回收成本的高低由回收费用审查委员会确定（郑红和张振业，2006）。

为有效利用现行的回收渠道，台湾废弃电器电子产品由电器经销商、乡镇市清洁队、旧货商、其他回收系统回收，并以各县市的乡镇为收集单位，负责管理储存由各地收集来的废家电，并统一运送至处理厂进行资源回收再生或最终处理，如图2-9所示。其中涉及以下四个主体。

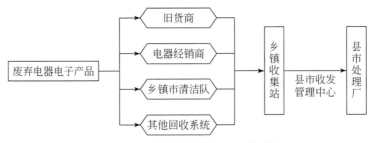

图 2-9　中国台湾废弃电器电子产品回收途径

回收点：回收点是以 27 600 家的家电经销商为主，乡镇市清洁队、旧货商、消费者及其他回收系统为辅，在其经销服务区域内通过新产品销售、售后服务及报废行为等渠道，收集废弃家电产品。

乡镇收集站：各乡镇依据报废量及运输距离的经济模式评估选择回收最佳点，接收管理该区由回收单位所收集的废家电，以半径 10km 左右为其收集范围，由各回收点自行运至收集站，待废家电达到一定数量时，该县市或其他县市的储存/处理厂派车统一装运回厂。回收的种类数量以联单或网上报告的形式提供给收发管理中心，作为储存处理数量、各类费用发放支出及监督管理的依据。

县市收发管理中心：县市收发管理中心是由当地家电经销商会组成，负责监督管理回收报废电器数量及补助款项，与各区乡镇收集点及县市储存/处理厂以计算机联网及联单方式取得联系，也可不定期清点其数量。环保主管单位及废弃家电产品回收处理基金会负有监督县市收发管理中心的责任。

县市处理厂：处理厂主要负责废家电的拆解处理及最终处置。在将各地收集点运来的报废家电数量进行清点、递交联单后，送至储存场堆栈存放，待处理厂进行拆解分类回收处理，获得的铁、铜、塑料等可再生资源可自行卖给回收厂商或交由废弃家电产品回收处理基金会统一标售。剩余无价值及有害的废弃物以规范的最终处理方式处置，或交由废弃家电产品回收处理基金会管理，统一招标交给合格的处理商采取安全固化填埋或焚烧等方式进行最终处置。

2. 2. 2. 2　内地

目前，我国电子废弃物的来源见表 2-3。

表 2-3　我国电子废弃物的来源

来源	家庭	商务活动	工业制造
主要包含项目	洗衣机、电视机、空调、冰箱、手机、家用音频视频设备等	电脑、打印机、传真机、电话、复印机等	电子仪表、自动控制设备、电缆等

根据现行的相关法律，国务院环境保护主管部门会同国务院资源综合利用、工业信息产业主管部门负责组织拟订废弃电器电子产品回收处理的政策并协调实施，负责废弃电器电子产品处理的监督管理工作。国务院商务主管部门负责废弃电器电子产品回收的管理工作。国务院财政、工商、质量监督、税务、海关等主管部门在各自职责范围内负责相关管理工作。

中国内地的废弃电器电子产品主要有四种流向：所有者暂时储存、回收处理厂再生利用、整机或零部件进入二手市场再使用、丢弃至垃圾处理厂（严重威胁人类健康和生态环境）（Yang et al.，2008）。

民间回收处理体系的发展开始于 20 世纪 80 年代，以广东汕头贵屿镇和浙江台州市为典型代表，主要回收处理物以非法进口国外电子废弃物为主。由于民间回收处理体系起步早，凭借低成本和高利润，成为当地特色产业，甚至是地方经济的支柱。

然而，我国废弃电器电子产品的回收模式是以个体商贩的流动回收为主，废品收购站、家电"以旧换新"、社区回收点、上门回收等形式为辅。也可以通过捐赠等方式，向西部地区、希望小学等特定地域、群体转移。

个体商贩处理体系中的电子废弃物来自各个城市乡镇甚至农村的居民，其回收方式主要是流动的个体商贩以走街串巷形式进行全面收购。他们还采用上门收购的形式，为居民解决废旧家电搬运的麻烦。个体商贩回收处理体系由于其分布广，具有明显的流动性，其回收网络基本上覆盖了各个城市乡镇乃至农村。

对于以旧换新来说，回收企业要及时准确地将家电以旧换新凭证的所有信息，包括回收旧家电的类别、品牌、产品制造商、型号、机身序列号、购买人姓名和身份证件号码、旧家电回收价格、以旧换新凭证序列号等录入家电以旧换新管理信息系统。

在产品达到使用寿命后，多数被消费者暂时储存在家里或办公室。这与中国的传统消费观念有关。在我国，废弃电器电子产品被看作是有价值的商品，因此消费者不会随意丢弃，而是待价而沽。而我国缺乏完善的回收体系也是造成废弃电器电子产品积存的主要原因。被走街串巷的个体商贩回收的废弃电器电子产品一部分经过维修、升级或翻新后仍能正常运转的进入二手市场，其余大部分则被送至非正规的家庭式处理作坊进行处理，对于一些尚完好的零组件会被拆解出来，再投入市场转售再利用。这些缺乏科学技术的家庭作坊往往通过直接燃烧或酸液浸泡的方式获取有价值的金属。将其他非贵重金属或塑料直接一起丢弃或再次变卖（陈娴等，2009），如图 2-10 所示。

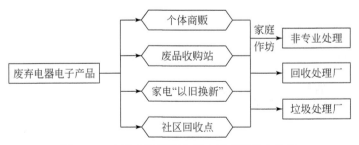

图 2-10　中国内地废弃电器电子产品回收途径

2.2.3　我国废弃电器电子产品回收途径存在的问题

由于电子废弃物迅速膨胀，"洋垃圾"不断入侵。发达国家对本国国内制定法规严格管理，但对废弃电器电子产品的出口却放任自由。世界上每小时就有4000t的废弃电器电子产品被丢掉，而全世界80%的电子垃圾被运到亚洲，其中90%被丢弃在了中国。预计今后几年，我国电子废弃物的产生量还将大幅度上升。发达国家的"废弃电器电子产品"的属性是垃圾，而我国的"废弃电器电子产品"的属性是偏向于廉价商品。废弃电器电子产品的种类非常复杂，各厂家所生产的同种功能的产品在材料选择、设计、生产上也各不相同，一般拆分为印刷电路板、电缆电线、显像管等，因此，其回收处理一直是一个相当复杂的问题（潘淑清，2007），也会存在许多问题。

与其他国家和地区的回收途径进行对比，我国地域辽阔，社会经济发展不平衡，废旧物资回收物流体系不规范、不健全（以个体商贩流动回收为主），示范性电子废弃物处理设施欠缺，市政基础设施普遍落后等，这些基本国情都与他国显著不同（冯慧娟和鲁明中，2010）。不规范的拆解、提取原材料活动，是造成废弃电器电子产品严重污染环境、损害人体健康的主要原因。可以将我国在电子产品回收途径上存在的问题总结为以下几个方面。

2.2.3.1　政府缺乏重视

废旧家用电器的回收处理涉及的领域和环节较广，牵扯各方面的利益关系，需要政府制定法规、完善政策、制定标准、统筹规划、合理布局、价格监管。然而，我国政府对于废弃电器电子回收没有给予足够的重视，目前仅在家电以旧换新方面做出有效工作。我国政府没有充分利用互联网以及中国社区和居委会的功能，宣传普及废弃电器电子产品回收利用对于人类健康和生态环境的意义。同时，还没有建设完善的废弃电器电子产品回收处理和电器电子产品生产销售信息管理系统，形成有效的数据库，为政府和企业在废弃电器电子产品回收处理上的管理提供便利。

2.2.3.2　消费者的环保意识淡薄

一些消费者没有很好的环保意识，虽然自己不随意丢弃废弃电器电子产品，但是由于受中国传统消费观点的影响，大部分中国家庭选择将废弃电器电子产品保留存储，或者卖给废品收购站和流动回收商贩，从而间接地造成环境污染。

2.2.3.3 回收渠道不规范

我国回收渠道仍然是以个体商贩为主，其他形式的回收为辅，造成的后果是大部分废弃电器电子产品不能进入正规的处理企业，而是流入到回收处理作坊中。因此，居民和企事业单位产生的废旧家电，其回收处理是无序的、不规范的。然而，国外发达国家的废旧电器电子回收体系是以公共回收点为主，其他形式的回收都要得到政府的认可，因此保证了废弃电器电子产品流向正规处理企业。我国社区回收点不是很多，相关宣传也不是很到位，导致有些具有环保意识的消费者不知道怎样将废弃电器电子产品交给正规部门。由于大部分废弃电器电子产品被个人回收者回收，而个人回收者的处理技术相对落后，在利益的驱使下个人回收者首先对废弃电器电子产品进行翻新，作为二手商品出售，流入农村市场。

2.2.3.4 污染环境

对于不能直接出售的产品拆解出有用的零件，同时使用相对落后的处理技术［酸泡、焚烧等（曹崇延和唐雪艳，2004）］回收电子产品中的贵重金属，因而产生了大量废气、废水和废渣，最后没有价值的部分直接丢弃，其回收程度低，利用率不高，其废液随意排放造成了严重的二次环境污染。许多原本可以回收利用的废旧物资由于量小利薄，被当做垃圾随意堆放、焚烧。例如，在东南沿海地区的一些拆解作坊里，用硫酸"提炼"重金属，将酸液等大量有害物质排放到河流，渗入地下。由于对废弃电器电子产品中所含的有毒材料没有有效的监管而将无法或难于回收的部分推给城市废物流（黄文秀，2002）。如果这些"电子垃圾"被掩埋在土壤中不做任何处理，渗透出来的有害物质就会对土壤造成严重的污染；而假如对这些垃圾直接进行焚烧，则会释放大量的有害气体，对空气造成污染，最终形成酸雨（练伟，2006）。

另外，由于国家推进"绿色照明"工程，我国第一批财政补贴推广中上市的上亿只老旧节能灯正进入集中报废期，且未来每年消费量将超过10亿只。老旧节能灯中因为含有汞、铅等有毒有害元素，被专家称为是仅次于废电池的第二大生活垃圾"汞污染源"，与之相对，我国节能灯回收处理体系却非常"幼稚"，如处置不当，污染风险不容忽视。

2.2.3.5 混乱的市场秩序

目前我国从事旧家电回收的"游击队"几乎都是无照经营，在高利润的驱使下，故意提高回收价格争取货源，扰乱市场秩序。部分旧电子电器经销商利用废旧电子电器零部件非法拼装和销售质量低劣的电子电气设备，坑害消费者。回收人员对电子废弃物进行私自改良，由于缺乏专业技能，改良后的产品往往存在安全隐患。此外，无证的回收人员骑着三轮车穿梭于大街小巷，随意停放，阻塞交通。少数人员还铤而走险偷盗民宅、机关的电子产品，带来严重隐患。

综上所述，在电子信息工业高速发展的现在，我国废弃电器电子产品回收途径存在的主要问题为：缺乏政府行为和法规保障，无专门管理和监管部门，缺乏行业和环保组织的合作，缺乏废弃电器电子产品开发应用的宣传工作，缺乏民众认可与参与度。

2.3　废弃电器电子产品开发应用政策法规现状与问题分析

废弃电器电子产品由于同时含有多种有害物质和大量可回收材料，其具有的环境污染性和资源性的双重属性引起世界各国政府部门、产业界和环境领域的关注和重视。为促进资源循环利用和环境保护，很多国家都通过立法来进行规范。通过建立废弃电器电子产品回收处理机制推动废弃电器电子产品回收处理的市场化、企业化运作，以达到高效零污染利用废弃资源的目的。我国作为废弃电器电子产品的产出和接收大国，探索适合我国国情的废弃电器电子产品的回收处理机制十分有必要。而相关的法律条例、保障机制及监督机制的建立和完善则更加紧迫。走可持续发展道路、建设和谐社会，要求建立一个循环经济理念下的废弃电器电子产品治理体系，而这也需要国家政策和法律法规提供强有力的保障。在这方面，发达先进国家已经走在了前面。我国对相关问题也加强了重视，近年来出台了一系列法规法令。然而，我国废弃电器电子产品管理毕竟起步较晚，政策法规体系还不完善，仍存在法规操作性不强、强制性不够等诸多问题，地方各部门对废弃电器电子产品的管理也缺乏经验。本节从国外发达国家相关立法源起，回顾我国政策、法规发展历史。在对比的基础上，总结并推荐一些符合我国国情的政策、法规及其实施办法。

2.3.1　国外废弃电器电子产品开发应用政策及立法现状

从 1990 年开始，欧盟各国如德国、荷兰、瑞典、瑞士、意大利、葡萄牙等先后颁布实施了电子废弃物管理法。然而，各成员国为限制在电子电气设备中使用有害物质而制定的法规或行政措施之间存在的差异使贸易壁垒产生，甚至对单一市场的建立及其功能产生直接影响。因为产品的再利用、翻新和延长使用期是有益的，所以需要提供必要的零件。欧洲共同体内产生的报废电子电气设备数量正在迅速增长。在废弃物管理阶段电子电气设备中的有害成分是个重大隐患，并且废弃电子电气设备的再循环没有得到充分实施。提高对报废电子电气设备管理的目标不可能通过成员国单独行动实现，应当采用正确的方法去减少未分类的城市报废电子电气设备，并且达到对报废电子电气设备分类回收的高水平（国家税务总局征管和科技发展司，2012）。

因此，欧盟于 1997 年 7 月颁布了涵盖所有电子电器废弃物的新法案（第一草案），在 1998 年 7 月颁布了《废旧电子电器回收法》，而 1999 年 7 月又提出欧洲议会和欧盟委员会关于修改废旧电子电器的法律草案（谭丽峰，2009）。在 2003 年 2 月 13 日，欧盟出台了《报废电子电气设备指令》（简称 WEEE 指令）、《关于在电子电气设备中限制使用某些有害物质指令》（简称 RoHS 指令）。

RoHS 指令规定了废弃电子电气设备的回收、处理、再利用以及禁止在电子电气设备中使用铅、汞、镉、六价铬、多溴联苯（PBBs）、多溴联苯醚（PBDEs）六种有害物质，这些可能对人类健康和环境造成危险。其目标是使各成员国关于在电子电气设备中限制使用有害物质的法律趋于一致，有助于保护人类健康和报废电子电气设备合乎环境要求的回收和处理。

WEEE 指令要求生产商包括其进口商和经销商在 2005 年 8 月 13 日以后，负责回收、处理进入欧盟市场的废弃电器和电子产品，建立允许最终拥有者和销售商将这些废弃物免费送回系统，并在此后投放到市场的电器和电子产品上加贴回收标志。应考虑有利于报废电子电气设备及其部件和材料的分解与回收，特别是再利用和再循环的电子电气设备的设计和生产；收集的所有报废电子电气设备被送到规定授权的处理设施，除非这些设备作为整体再被利用；确保生产者或者代表其的第三方，根据欧盟共同体法律，建立使用最佳的可用的处理、回收和循环技术的系统负责报废电子电气设备的处理。主要机构需检查验证：①处理废弃物的类型和数量；②遵守一般的技术要求；③采取的安全预防，并且每年要检查一次。对于大型家用器具的回收率将增加至每件器具平均重量的 80% 以上，组件、材料和物质再利用的再循环率将增加至每件器具平均重量的 75% 以上，对于信息技术和远程通信设备的回收率将增加至每件器具平均重量的 75% 以上，组件、材料和物质再利用的再循环率将增加至每件器具平均重量的 65% 以上。

考虑到技术和经济的可行性，确保显著减少有害物质对健康和环境的危害，且在欧盟共同体内实现所选择的保护方式是在电子电气设备中以安全或者更安全的物质替代有害物质。从科技角度来看，如果没有替代品，或者替代品对环境和健康所造成的负面影响大于其对环境和健康带来的益处，那么可免除执行替代品的要求。另外，欧盟对电子垃圾的处理已经做出有关规定，要求有毒垃圾必须与普通垃圾分放，并要求所有成员国自 2005 年开始，人均至少分检出 4kg 电子垃圾。

纵观欧盟制定的法律规范，关于废弃电器电子产品污染防治法律制度主要体现在以下三个指令中：WEEE 指令、RoHS 指令和《用能产品生态设计框架指令》（简称 EUPs 指令）。根据上述三个指令的规定，可将欧盟废弃电器电子产品污染环境防治法律制度分为两个层面：第一个层面是对废弃电器电子产品污染环境的预防机制。废弃电器电子产品污染环境的预防可以从两个方面进行考虑：一是减少电子废弃物产生的数量；二是减少废弃物对环境的危害。前者主要规定在 EUPs 指令中，后者主要规定在 RoHS 指令中。第二个层面是对既有废弃电器电子产品污染环境的治理制度，通常被称为废弃电器电子产品的管理制度，包括废弃电器电子产品的分类回收、处理以及无害化处置等内容。这主要规定在 WEEE 指令中。

2.3.1.1　德国

18 世纪末，家庭废弃物急剧增长，其中仅包装废弃物已占家庭废弃物重量的 30%，体积的 50%；而与此同时，德国的填埋能力正不断下降。为了控制和减少包装废弃物的数量，德国于 1991 年 6 月 12 日实施了《包装废弃物管理法》。首次按照"资源—产品—再生资源"的循环经济思路制定法律，这是世界上第一个关于包装废弃物减量化及其循环利用的管理法规，提出了需要进行废弃物处置的顺序，即减量化、再利用、再循环、最终处置。同年，为加强电子产品综合管理，德国制定了《电子废物条例》（Electronic Waste Ordinance），要求电子产品的生产厂家、进口商承担接收废弃电器电子产品返还的责任，为工业国家管理废弃电器电子产品提供了良好的开端。1996 年的《封闭物质循环与废弃物管理法》（Closed Substance Cycle and Waste Management Act）将生产企业的责任列入该法，要求产品生产商承担生产者责任，履行减少废弃物产生和处理的职责，并初步规定了相关管理和处理的基本原则。电子废弃物的回收处理是按照 2005 年 8 月 13 日正式生效的《电子电气设备销售管理、回收与无害化处理法案》（简称 ElektroG，即《德国电子电气设备法》）来运作的，该法案是在 WEEE 指令和 RoHS 指令的背景下实现的。该法共 6 部分 25 条，包括 5 个附录，主要涉及 8 个方面的核心内容，包括：禁止在电子电气设备中使用某些有害物质，生产商必须免费回收废弃的电子电气设备，不允许出售没有资金担保的产品等，并且将电子电器类设备分为 5 个大类，以便于居民的投放和分类管理（张顺年和宋红茹，2006）。自 2006 年实施电子废弃物回收再循环法令（ElektroG）后，最新的运作体系规定生产商承担回收处理电子废弃物的义务、票据清算中心与职能机构的职责以及利益相关者的责任。为配合 ElektroG 的实施，2005 年 7 月，德国有关部门颁布了《电子电气设备收费条例》（ElektroGKostV）。EAR 根据该法收取相关注册费用和行政费用，收费在 45～545 欧元。

这部法律的颁布减少废弃物中有害物质的处理量和成本。同时此法也保障了德国贯彻实施了 WEEE 指令和 RoHS 指令，使得生产者必须将其产品的整个生命周期都纳入考虑范围内。通过禁止在产品中使用有毒有害物质来保护环境和人体健康，并防止了因废弃产品的处置而可能引发的环境问题。德国联邦环境、自然保护建筑与核安全部在 2005 年 7 月颁布了《关于电子电气设备法的费用管理条例》，将根据该条例收取相关注册费用和行政费用。该条例又先后经过两次修订，其中第三次修订案于 2010 年 3 月生效，降低了 10%～14% 的收费。根据相关法律的规定，产品持有者如果要将其持有的电器电子产品废弃，则必须送至分类回收点，而不能像处理未分类的生活垃圾一样处理；州法要求公共废弃物管理机构有责任处置废弃电器电子产品，并要求告知家庭用户关于废弃电器电子产品回收的相关信息；销售商可以自愿回收废弃电器电子产品，但不能向家庭用户收费。可以看出，所有涉及废弃电器电子产品回收与处理环节的各方都涉及在该条例中，包括产品持有者、公共废弃物管理机构、销售商、生产者、监管机构。同时包含了应急处理保障机制、回收处理企业准入机制等，可以说这些条例十分全面且细致。

2.3.1.2 荷兰

荷兰是欧盟研究、实施 WEEE 法律比较早的国家，然而关于电子消费品产品回收和循环利用的争论经历了很长的一个过程。自 1991 年开始一直到 1996 年初进展非常有限（刘和平等，2005）。但是 1998 年在欧盟 WEEE 指令出台前，4 月 21 日荷兰政府颁布实施了《白色家电和棕色家电法令》，其要求近似于欧盟 WEEE 指令的规定，也是欧洲第一个应用生产者责任原则的国家。1999 年 1 月，法令进一步将大型家电和信息产品包括在内，2002 年 1 月将所有电子电气设备都纳入其管理范围。荷兰废弃电子电气设备法律规定的产品范围、回收、再利用以及再循环目标与欧盟 WEEE 指令相同，其中，电器整机的再使用（指进入旧货市场的旧电器）不包括再回收、再利用和再循环率的计算，但零部件的再利用可以包括在内；出口到欧盟以外国家和地区的废弃电子电气设备也不包括在内，除非出口商可以证明出口的废弃电子电气设备已经按照等同于 EC 标准的要求进行再回收、再利用和再循环处理（国家发展和改革委员会，资源节约和环境保护司，2006a）。

目前，荷兰废弃电器电子产品法律法规体系的重要组成部分为《废弃电器电子产品管理法令》（Waste Electrical and Electronic Equipment Management Decree）和《废弃电器电子产品管理条例》（Waste Electrical and Electronic Equipment Management Regulations），分别于 2004 年 7 月 6 日和 2004 年 7 月 19 日由荷兰住房、空间规划及环境部（VROM）颁布。这两部法令都大量引用了欧盟两指令的规定。其中，前者规定了与荷兰法律法规有关内容的修订以及限制电器电子产品中有毒有害物质的使用，加强了对含氯氟烃（CFC）和氢氯氟烃（HCFC）的电器电子产品禁止贸易的管理，而后者引入了生产者责任原则。这些条例和法令不仅详细地规定了生产者承担费用的责任和细则，还规定了废弃电器电子产品处理企业的环保要求和处理企业许可条件。《废弃电器电子产品管理条例》第 8 条规定，废弃电器电子产品处理应使用最佳可行技术，必须满足防止由废弃电器电子产品处理不当造成不利影响的最低标准。欧盟 IPCC 指令（96/61/EC）对该技术的具体内容和要求做了规定。

2.3.1.3　芬兰

芬兰的《垃圾法》是以欧盟的相关法律法规为基础而制定的，其中有些部分是根据本国国情而特别制定的，在欧盟法律法规中并不存在。1994 年经过修改后的新垃圾法开始实施，其中规定垃圾制造者有责任将垃圾进行分类，然后由垃圾车送到垃圾处理厂进行分类处理和回收利用。各个地区合作委员会下属的垃圾管理局根据芬兰的垃圾法，专门制定了该地区垃圾管理规定，如首都地区要求（赵长春，2003）：凡每周产生 50kg 以上废纸和纸板的公寓楼、办公楼、商店及饭店必须对废纸和纸板进行分类并放入专门的垃圾箱；凡有 10 家以上住户、每周产生 50kg 以上生物垃圾的住宅楼，必须设有专门的生物垃圾箱。生物垃圾指可降解的有机化合物，如过期食品、剩饭菜和庭院杂草植物等。对废纸和生物垃圾进行单独分类，便于统一运输和回收利用。垃圾管理局还专门印制了《家庭垃圾分类指南》、《办公室垃圾指南》和《学校垃圾指南》等小册子，发送到各家各户、公司和学校，指导居民、公司职员和学生对各种垃圾进行分类和回收。2004 年实施的《废弃电子电气设备政府法令》对垃圾法进行了补充说明。其目的是减少废弃电子电器的数量和对人体的损害，包括提高废旧电子电气设备及其部件的再利用。2011 年政府又对垃圾法进行了修改，2012 年 5 月 1 日正式实施。

2.3.1.4　美国

目前，美国在联邦层次上未出台废弃电器电子产品回收管理法规。2001 年为开发废弃电器电子产品管理系统成立了国家电子产品工作组（NEPSI），NEPSI 建议在美国联邦政府建立废弃电器电子产品管理的法规。但随后废弃电器电子产品国家回收系统的资金机制问题阻碍了 NEPSI 推动联邦立法的进程。但相对地,美国各州政府则陆续颁布了各自的废弃电器电子产品管理相关法律法规。大量的电子废弃物资源化成为热点,相关的环境保护法规为产业发展提供了良好的环境。如今,电子废弃物资源化产业在美国已经成为一项生机勃勃的新兴产业。在2003 年以前,美国将有用的物质进行简单回收,回收处理数量小,大部分被回收商出口,部分进入填埋场。而自 2003 年开始,各州政府陆续颁布了各自的废弃电器电子产品管理相关法律法规。在 2005 年,成立了废弃电器电子产品国会工作组,旨在研究废弃电器电子产品管理问题。

自 2000 年以来,美国先后有 20 多个州尝试制定自己的电子废物专门管理法案,大约覆盖了 53.9% 的美国人口。美国各州法律的共同特点就是将废弃的阴极射线管显示器包含在所有法规管理范围内,而且立法的目的都是将废弃电器电子产品回收,禁止或避免废弃电器电子产品的填埋处置。各州废弃电器电子产品管理立法和法规实施主要由环境质量主管部门或委员会、环境和自然资源主管部门等监督。例如,加利福尼亚州已经率先通过了电子垃圾的法规——《2003 电子废物再生法案》(The Electronic Waste Recycling Act of 2003),对在加利福尼亚州销售的所有视频显示设备废弃物的管理和回收做出了规定,并于 2005 年 1 月 1日起正式实施,包括:阴极射线管(CRT)电视机和电脑显示器、笔记本电脑、电脑液晶显示器、等离子电视机和液晶电视机。另外对于回收费用,加利福尼亚州的《电子废弃物回收再利用》法案规定从 2004 年 7 月 1 日起消费者在购买新的电脑或电视机时,要缴纳每件 6 ~ 10 美元的电子垃圾回收处理费(刘若微等,2008),其具体收费标准如下:4in①<显示器<15in,6 美元;15in<显示器<35in,8 美元;显示器尺寸≥35in,10 美元。此外加利福尼亚州法规定,可将废弃电器电子产品交至回收商,或交还给收集活动和市政计划。

美国明尼苏达州于 2007 年通过法规,规定电子产品生产商必须推行电器及电子设备强制回收计划,并规定厂商必须达到的实际数量目标,被视为全美国最严格的同类法规,该州是美国第五个通过电子废弃物法规的州。2007 年 9 月 1 日开始,向州内销售的电视机或电脑(包括手提电脑)显示屏,必须加附永久及容易看见的厂商品牌标签,同时生产厂商必须向州部门办理年度注册手续。从2008 年 9 月 1 日开始,生产商办理年度注册手续的内容包括,年度投放市场的电子电气设备的数量和种类,通过有关途径回收的数量和种类等,相关生产商每年必须提交声明,披露向州内用户销售的相关设备有否超出欧盟对铅、汞、镉、六价铬、多溴联苯及多溴联苯醚的浓度上限规定,生产商每年必须回收处理一定数

---

① 1in＝2.54cm。

量的受监管电子设备。

缅因州法规定，收集废弃电器电子产品并将其送至联合回收者，仅需承担部分收集费用；得克萨斯州的电子废料管理计划只适用于新的桌面电脑或手提电脑，包括电脑显示器及其他不含电视调谐器的显示设备，生产商必须参加或实行回收计划，让消费者循环再造有关设备，无须额外支付费用；华盛顿法规定，生产者负责回收，可以与现有废弃电器电子产品回收商合作，并通过支付公平的补贴鼓励销售商、慈善机构、地方政府及其他相关方参与回收，生产者承担回收和处理费用。据不完全统计，截至 2011 年 7 月，美国共有 24 个州颁布了关于废弃电器电子产品回收的法规。

另外，《电子垃圾循环法案》的基本精神是，在 2004 年 7 月 ~ 2005 年 6 月，先由电子厂商按照产品单价支付一定费用，由州政府设立"电子垃圾回收和循环账户"；存在账户里的资金，将按市场价格支付给处理电子垃圾的合格企业。美国各州尤其是 IT 产业集中的西部各州已经开始制定相关法规，禁止使用填埋的方式处理电脑显示器等电子垃圾。

各州废弃电器电子产品管理立法和法规实施的监督与管理机构一般涉及环境、自然资源、市政、生态等部门，主要监管机构及其责任明确。环境质量主管部门或委员会负责管理注册和历史遗留产品的信息、决定生产者回收比例，建立废弃电器电子产品收集、运输和回收处理的州计划，支持公众教育、宣传及推进法律实施。典型代表为阿肯色州、罗得岛州、得克萨斯州、俄勒冈州。环保主管部门负责生产者注册和费用管理。典型代表为康涅狄格州、缅因州、新泽西州。环境和自然资源主管部门负责注册的生产者目录、公众教育和指导地方管理废弃电器电子产品收集、运输和处理运行。典型代表为北卡罗来纳州。

美国各州法律规定的废弃电器电子产品管理目录（CEDs）差异不大，都包括计算机 CRT，大多数目录涵盖了电视机。但是车载视频显示设备、工商业或医疗显示设备和一些洗衣机、冰箱、空调等消费类电器都未包含在 CEDs 中。这是出于以下三点原因：首先 CEDs 中废弃电器电子产品通常包含铅、镉、汞和溴化物等有毒物质，处理不当容易造成环境污染、威胁工作人员生命安全以及危害公众健康。其次，CEDs 中废弃电器电子产品生产数量增长迅速，而且体积或较大或较小，容易损害，其增长数量已经超过了目前合理回收处理设施的发展。最后，废弃电器电子产品回收和处理的成本较高，尤其含有危险组分更增加了处理成本。因此，如上所述美国企业大都倾向于将这些废弃产品运往海外处理。

2.3.1.5　加拿大

加拿大与美国相似，都属于联邦制的国家。加拿大政府的环境管理部门正在努力开展电子废弃物的回收工作。加拿大环境部长委员会于 2004 年制定了《加拿大报废电子产品管理原则》，给出了各省或地区制定和开展电子废物回收计划的基本框架。2005 年，为有效落实《加拿大报废电子产品管理原则》，保证各省电子废物产品回收的一致性。另外，加拿大环境部长委员会又发布了《推荐电子废物产品列表》。

目前加拿大共有 6 个省制定了废弃电器电子产品管理的相关法规，其中艾伯塔省、不列颠哥伦比亚省和萨斯喀彻温省已开始实施其省级的废弃电器电子产品回收再生计划。依据艾伯塔省（Alberta）《指定材料再利用和管理条例》、《电子产品指定条例》以及艾伯塔省回收管理机构 ARMA 制定的《电子产品再利用规章》，艾伯塔省的电子废物回收处理工作已于 2005 年 2 月正式启动。收费标准是：电视机的显示器根据尺寸不同，价格在 15 ~ 45 加元；电脑显示器（液晶和CRT）为 12 加元；打印机/组合打印机为 10 加元；笔记本电脑为 5 加元。预处理费可用于废旧电子产品的收集、运输和再利用处理，新的再利用处理技术的研究，公众信息和教育（国家发展和改革委员会资源节约和环境保护司，2006b）。ARMA 是一个由省政府建立的非营利性组织，负责管理包括电视机和电脑设备的废弃电子设备。

安大略省（Ontario）2002 版《废物回收法》 （The Waste Diversion Act, WDA）的规定，授权省环境部长以管理条例的形式指定某一类需要建立回收处理的废弃物，并要求安大略省废物回收公司负责回收处理工作。安大略省制定的法律中指定废物包括：家庭使用的包装材料和打印纸的废弃物（在安大略省统称为"蓝箱废物"）、废弃轮胎、废弃石油材料（与润滑油有关）和废弃电子电气设备。安大略省环境部于 2004 年 12 月将电子废弃物列入废物回收法的管理产品目录，并要求废物回收公司制定电子废弃物回收制度，涉及的白色电器产品包括：空调、干衣机、洗衣机、洗碗机、冷柜、冰箱和炉灶，还将新增 5 种行业基金组织（IFO）推荐的最为常用的代表性小家电产品，包括多士炉、咖啡机和搅拌机等。

2.3.1.6 日本

从 20 世纪末开始，为了推动从原有的资源浪费型社会向可持续发展型社会转变，日本政府采取了抑制自然资源的消费、推进回收和再利用等措施和方法，并最终形成了以《循环型社会形成推进基本法》为基础的循环型社会法制体系，如图 2-11 所示。2000 年，日本政府召开了第一届环保国会，审议并通过了这些法律，因此，2000 年被称为日本的"循环型社会元年"。

日本在 1998 年颁布，自 2001 年 4 月 1 日起全面强制实施的《日本特定家用

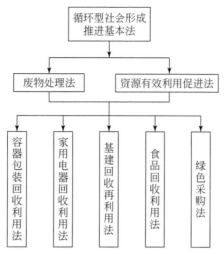

图 2-11 日本资源回收利用法律框架体系

电器回收和再商品化法》(简称《日本家电再生利用法》),是日本建设循环型社会法律体系的重要内容。它是对电视机等废弃家电进行有效再生利用,减少废弃物排放的特定法律。2003 年 10 月又规定对家用电脑实施强制回收,在销售环节缴纳回收处理费,并由销售商代为征收,并粘贴上 PC 循环利用标志,粘贴有标志的电脑在返还厂家时,各厂家必须无偿取货(李静和马良,2005)。该法规规定生产企业、销售商和消费者必须回收利用废弃的电视机、冰箱、空调、洗衣机和计算机 5 种家用电器,生产企业必须达到回收利用废弃家电的比例,具体回收利用率为:空调 60%、电视机 55%、冰箱 50%、洗衣机 50%、台式电脑 50%、笔记本电脑 20%。在 2006 年,日本每台空调的回收费为 3500 日元,电视机 2700日元,冰箱 4600 日元,洗衣机 2400 日元,台式电脑主机 3000 日元,笔记本电脑/液晶显示器 3000 日元,CRT 显示器/CRT 一体型电脑 4000 日元。到了 2008年,家电的利用率一律达到了 80% 以上。

与其他国家不同,在日本,消费者须承担回收处理废弃家电的费用(朱培武和蒋建平,2010)。而销售商、制造商必须预先公布特定家用电器回收再利用的费用,费用额度不得超出有效实施再商品化的标准成本,不得妨碍消费者交付废弃家电。应在指定的场所进行回收,并且回收场所必须具备再商品化的条件,以利于零售商和市镇村顺利交付废弃家电,对回收的废弃家电应按标准实施再商品化。家用电脑由制造商负责进行回收和再利用,由消费者在废弃时缴纳各厂家设定的回收再资源化费用。自从《日本家电再生利用法》实施以来,全日本废弃家电的回收处理得以稳步发展,回收及再利用成效显著,并已成为资源循环产业的重要内容。废弃家电回收再利用已经产业化。

2.3.1.7　韩国

在 20 世纪 90 年代初，韩国政府开展了与废弃电器电子产品管理有关的立法和实施工作（表 2-4），制定了废弃电器电子产品的初步管理规定。关于废弃电器电子产品回收利用的立法管制开始于 1992 年。根据《废弃物管理法》（Waste Management Act），为鼓励企业积极参与废弃物的回收利用，韩国环境部对家用电器、包装材料、电池和轮胎等指定产品实施废弃物处理押金返还制度（Waste Disposal Deposit Refund System）。1993 年，《韩国资源再生公社法》（Korea Resources Recovery and Reutilization Corporation Act）颁布，法律授权环境部下属的韩国资源再生公社负责专门账户的资金管理和回收利用信息数据的统计分析工作。随后，冰箱和空调也分别于 1993 年和 1997 年被添加进指定产品目录。1993 年，韩国《资源节约及回收利用促进法》（Acton on the Promotion of Saving and Recycling of Resources）开始实施，韩国环境部同时颁布了《关于推进回收利用，实施产品结构和材料改进的指南》（Guideline for Improvement of Material/Structure of Products for Stimulating Recycling）。

表 2-4　韩国与废弃电器电子产品管理相关的法律法规

名称	颁布或修订时间	规定的废弃电器电子产品管理主要内容
废弃物管理法	1991 年颁布 2008 年修订	废弃物的定义 废弃物分类收集制度 废弃物处理押金返回制度 废弃物收费从量制度
资源节约及回收利用促进法	1993 年颁布 2000 年和 2002 年修订	废弃物保证金制度和废弃物负担金制度，1993 年 6 月实施 允许制造商组织同政府签订"自愿协议"，企业或制造商组织承诺自愿对其产品进行回收处理 生产者责任延伸（EPR）制度，2003 年 1 月实施 韩国环境资源公社负责运营实施 EPR 制度
韩国资源再生公社法	1993 年颁布	韩国资源再生公社负责专门账户的资金管理和回收利用信息数据的统计分析
关于推进回收利用，实施产品结构和材料改进的指南	1993 年颁布	引导包括电子产品制造商在内的企业开展产品设计创新、限制有毒物质的使用和提高产品中材料的回收利用

到了 2000 年，政府修订了《资源节约及回收利用促进法》的实施令，允许制造商组织与政府签订"自愿协议"（Voluntary Agreement），企业或制造商组织

承诺自愿对其产品进行回收处理。2002 年，韩国政府对《资源节约及回收利用促进法》进行了全面修订，宣布逐步废除押金返还制度，从 2003 年 1 月开始实施新的生产者责任延伸（EPR）制度，由韩国环境资源公社（前身为韩国资源再生公社）负责运营实施。EPR 制度可以对在废弃物减量化和再利用方面处于相对有利地位的生产者起积极作用，使它处于再利用体系中的中心位置。从 2003 年 1 月开始，在废除废弃物保证金制度的基础上对金属瓶、玻璃瓶、电视机等 15 种产品实施了 EPR 制度，之后阶段性地增加到了 21 种产品，2008 年又增加了两种电池类产品（李莲花，2009）。在 2008 年 1 月 1 日起正式实施了《电器电子产品及汽车资源回收利用法》。该法律是韩国第一部针对电器电子产品和汽车设备回收利用的法律，旨在促进电器电子产品的回收利用，抑制有害物质的使用，合理利用废弃物，有利于资源的节约、环境的保护和国民经济的健全发展。它将欧盟 WEEE、RoHS 和 ELV 指令的元素包含在内，要求严格限制电子电气设备中重金属和阻燃剂等有害物质的含量。法规对于产品中有害物质的含量进行了严格限定，包括：铅、汞、镉、六价铬、多溴联苯和多溴二苯醚。这与欧盟 RoHS 指令中的规定相一致。此外，现行的《废弃物管理法》是于 2012 修订实施的，包括了废弃物的定义、分类收集制度、处理押金返回制度和收费从量制度。20 多年间，韩国在这方面先后实施了两种法律制度模式，完成了管理重心从末端治理向事先预防的转化。

总的来看，国际废弃电器电子产品开发应用政策及立法现状特点为：①实施较早、涵盖的产品范围广、涉及层面多、资金方式灵活；②法令和条例完备、立法层次多样、约束与激励机制并存；③国家、企业和民众关注度与重视程度高，很多条例已经上升为法律或法令，有效地保障了废弃电器电子开发利用的执行。例如，欧盟的 RoHS 指令，已经迫使全球主要生产商放弃使用其规定的禁止使用的有毒有害元素，如在表面组装产品中，有毒的铅元素已逐渐被无毒元素替代。④很多国家还设立了专门的工作组负责相关政策和条例的制定和延伸。随着生产者责任延伸制度的确立，完善了生产者对环境的责任，实现由政府对电子废弃物负责到生产者对其负责的转变。

2.3.2 我国废弃电器电子产品开发应用政策及立法现状

2.3.2.1 台湾

台湾地区 1984 年以前的垃圾处理大多数为任意弃置，这样不符合卫生条件。为了有效地处理垃圾，于 1984 年制定了《都市垃圾处理方案》垃圾以填埋为主。

因为台湾地区的垃圾 80% 以上是可燃物，环保署于 1991 年制定垃圾处理方案时，以"焚化为主，填埋为辅"为原则，于是全台湾地区由政府兴建了 21 座焚化厂，拟以焚化为最终处理方式，若全部运行起来，每日可以处理 23 400hm² 的垃圾。垃圾处理率由 1984 年的 24% 提升到 2002 年的 96%。然而焚化产生的有害气体及残渣对环境有很大的影响。之后政府逐渐认识到问题的严重性，进而环保署将废弃物资源回收列为中心工作（李鸿霖。2006）。

　　早在 1928 年 5 月 30 日台湾就出版了有关垃圾处理的法令《污物扫除法》。1974 年 7 月 16 日，将《污物扫除法》改为《废弃物清理法》，在同月 26 日公布实施，全文共 6 章 28 条。废弃物清理法规自 1974 年公布以来，随着垃圾处理方式的逐渐改变，多次修正，历经萌芽期、草创期、发展期、成熟期和精进期，最终将"回收再利用"的管理观念纳入，健全了废弃物收费、处理及管理、申报体制、处罚合理机制等，成为台湾废弃物管理及资源回收的法源。

　　《废弃物清理法》将废弃物依据产生源分为一般废弃物和事业废弃物，再将事业废弃物分为有害事业废弃物及一般事业废弃物，并按一般法律的架构授权给各主管、执行机关订立相关子法、标准等。《废弃物清理法》自 1974 年立法以后，虽多次修正，但核心观念仍是废弃物，管理伴随人为活动产生的废弃产物或物品。随着对于废弃物理念从早期的最终处置到兼顾资源循环利用，台湾 2002 年 7 月 3 日公布《资源回收再利用法》，希望建立资源循环回收体系，减少天然资源的耗费，于 2003 年实施。

　　资源回收的法律法规主要在于《废弃物清理法》与《资源回收再利用法》。两者在立法目的、管制客体、责任主体和管制方式方面有所区别。当两者管制项目出现重叠时，依据《资源回收再利用法》的规定；当再生资源未依规定回收再利用者，视为废弃物，依《废弃物清理法》的规定办理，并以《废弃物清理法》的规定为优先适用（马瑞辰，2012）。

　　台湾对一般废弃物回收法规政策，按照政府介入的程度可分为四个阶段。1988 年修订《废弃物清理法》之前为第一阶段，一般废弃物的回收完全由市场自由运作，政府未介入管理废弃物回收与再生利用。但是随着时间的推移，自由回收的速度已经赶不上垃圾增长的速度，而且自由回收的垃圾种类很少。第二阶段自 1988 年的《废弃物清理法》修订，至 1997 年的再次修订，由产品生产者负责回收，环保署则为监督的角色。由环保署公布需要回收的一般废弃物，由生产者和进口商自行形成回收组织，且费用由该组织决定。由于监督部分经费及人员的不足，没有发挥充分的作用，再利用的理念还未形成。第三阶段自 1997 年的《废弃物清理法》再修订，至 1998 年由环保署将回收基金纳入政府预算为止，期间加强了政府的监督力度，推动了四合一新制，设立了 8 个由企业代表占一半以上的基金管理委员会。但是基金和回收组织的定位仍然不明确，出现收支不平衡的问题。第四阶段自 1998 年至今，1998 年 7 月 1 日，环保署将 8 个管理委员会进行整合，成立了"资源回收管理基金管理委员会"，专门负责处理资源回收的工作，台湾回收工作由此走上制度化。

台湾环保署依据《废弃物清理法》，于 1997 年 7 月宣布废弃的电视机、冰箱、洗衣机及空调为不易清除处理及长期不易腐化的一般废弃物。《废家用电器和计算机再生利用法》规定对冰箱、空调、电视机、洗衣机和计算机生产者、进口商和零售商征收产品废弃后的回收处理费，分别为 680 台币/台、290 台币/台、420 台币/台，360 台币/台，370 台币/台。1998 年 3 月 1 日起，开始执行回收处理的工作，废家电专业处理机构于 2000 年 1 月起陆续建设完成并正式运营处理。法律规定了废家电的回收处理责任为生产商和进口商，要求责任方百分之百负担回收处理费用，并为此成立专项基金。表 2-5 列出了不同废弃电器电子产品回收的生效时间。

表 2-5　废弃电器电子产品回收起始时间

生效时间	废弃电器电子产品回收项目
1998.03.01	电视机、冰箱、洗衣机、冷气机
1998.06.01	计算机（包括主板、硬式磁盘驱动器、机壳、电源器、笔记本电脑、监视器）
2001.01.01	打印机
2002.07.01	照明光源（日光灯直管）
2007.07.01	键盘、照明光源（环管日光灯、安定器内藏式荧光灯泡、紧密型荧光灯管等）
2007.10.01	电风扇
2008.07.01	高强度放电灯管（HID）

据统计，台湾地区垃圾妥善处理率从 1989 年的 60% 提高到 2008 年的 99%，再生资源回收率从 1998 年的 5.89% 提高到 2008 年的 41.96%（朱庆荣和翁永源，2012）。

2.3.2.2　内地

我国正致力于建设社会主义市场经济，市场经济是法制经济，离不开法律制度的规范和调整。同样，对于废弃电器电子产品的管理，也要适应市场经济的需要。这需要借鉴国外通过法律手段管理废弃电器电子产品的有益经验，通过加强对我国废弃电器电子产品法律的建设，并建立健全我国电子废物的管理体系（张国鹏，2007）。

20 年来，大量进口的电器电子产品，大多到了退役期限，而国内早期生产的电器电子产品也接近其使用寿命（甘舸等，2005）。我国政府也开始意识到了电子废弃物对环境及人体的危害，积极推动电子废弃物的无害化、资源化处理，并开始通过相关"办法"和"政策"加以推动。下面以法律实施的时间为顺序进行介绍，我国的废弃电器电子产品回收及处理法律法规可分为两个阶段，且尚处于非强制性"办法"向相关法令或法规建立的过渡阶段。第一阶段为2011年以前的政策倾向性阶段；第二阶段为2011年以后的引导性体系办法初步建立阶段。

（1）《废弃家用电器与电子产品污染防治技术政策》

为了减少家用电器与电子产品的废弃量，控制其在再利用和处置过程中的环境污染，制定了《废弃家用电器与电子产品污染防治技术政策》，并于2006年8月14日开始实施，提出了实行"污染者负责"的原则，由家用电器与电子产品生产者（包括进口者）、销售者和消费者分担废弃家用电器与电子产品污染防治的责任。"政策"的主要内容包括：提出了推行电子废物减量化、资源化和无害化的"三化"原则。其中，减量化是指通过对家用电器与电子产品的环境友好设计，减少产品中有毒有害物质和材料的使用，延长产品的使用寿命，改善产品再利用特性，从而减少电子废物的产生量和危害性；资源化是指通过对家用电器与电子产品及其元（器）件、零（部）件等的再使用和再利用，提高废弃家用电器与电子产品的再利用率；而无害化是指通过采用先进、适用的处理和处置工艺技术，控制废弃家用电器与电子产品再利用和处理处置过程中的环境污染。

废弃家用电器与电子产品是指已经失去使用价值或因使用价值不能满足要求而被丢弃的家用电器与电子产品，以及其元（器）件、零（部）件和耗材。其所称的家用电器是指家用电器及类似用途产品，包括电视机、冰箱、空调、洗衣机、吸尘器等；电子产品是指信息技术（IT）和通信产品、办公设备，包括计算机、打印机、传真机、复印机、电话机等。

该技术政策还包括了环境友好设计、有毒有害物质的信息标志、收集、运输及储存、再使用、处理处置的技术和装备以及鼓励性政策法规及标准。这项政策适用于家用电器与电子产品的环境设计、废弃产品的收集、运输与储存、再利用和处置全过程的环境污染防治，为废弃家用电器与电子产品再利用和处置设施的规划、立项、设计、建设、运行和管理提供技术指导，引导相关产业的发展。该技术政策主要是为防治家用电器及电子产品污染提供技术层面的参考和支持。该技术的提出也是为了从源头减少和控制电子产品中有毒有害物质的使用，提高电子产品的回收率和资源化利用率，规范废弃电器电子产品在资源化使用过程中的环境污染。

（2）《电子信息产品污染控制管理办法》

2006 年 2 月，信息产业部联合国家发展和改革委员会、工商行政管理局、国家质量监督检验检疫总局、海关总署等共同制订发布《电子信息产品污染控制管理办法》，并于 2007 年 3 月 1 日正式执行，它也称为"中国 RoHS"，共四章二十七条，主要内容可归纳为"一个要求、三个规定"。一个要求即电子信息产品的设计和生产需要采用环保和便于再生利用的方案；三个规定是电子信息产品进入市场需要提供有毒有害物质名称与含量、环保使用期限、是否可回收的信息；进入电子信息产品污染控制重点目录的产品将被禁止或限制使用铅、汞、镉、六价铬、多溴联苯（PBBs）、多溴二苯醚（PBDE）六种有毒有害物质元素；电子信息产品有害物质的限制禁止纳入 CCC 强制性产品认证管理。

《电子信息产品污染控制管理办法》的目的是控制和减少电子信息产品废弃后对环境造成的污染，促进生产和销售低污染电子信息产品，保护环境和人体健康。这个法律是根据《中华人民共和国清洁生产促进法》、《中华人民共和国固体废物污染环境防治法》等法律、行政法规而制定。信息产业部、国家发展和改革委员会、商务部、海关总署、工商行政管理局、国家质量监督检验检疫总局以及国家环境保护总局负责编制、调整电子信息产品污染控制重点管理目录。

其中，信息产业部和国务院有关主管部门制定有利于电子信息产品污染控制的措施。在第九条规定中，电子信息产品设计者在设计电子信息产品时，应当符合电子信息产品有毒、有害物质或元素控制国家标准或行业标准，在满足工艺要求的前提下，采用无毒、无害或低毒、低害、易于降解、便于回收利用的方案。第十一条规定了电子信息产品的环保使用期限由电子信息产品的生产者或进口者自行确定。电子信息产品生产者或进口者应当在其生产或进口的电子信息产品上标注环保使用期限，由于产品体积或功能的限制不能在产品上标注的，应当在产品说明书中注明。第十五条规定了电子信息产品销售者应当严格控制进货渠道，不得销售不符合电子信息产品有毒、有害物质或元素控制国家标准或行业标准的电子信息产品。

我国对于电子电气设备的污染控制主要分两步走：第一步，进入中国市场的电子电器信息产品应当做好"自我声明"，对产品中的有害物质进行相应标注；第二步，努力做到有害物质替代减量化，陆续将"技术上成熟，经济上可行"的产品列入《电子信息产品污染控制重点管理目录》，严格限制该类产品使用有毒有害物质。新修订的管理办法将控制范围进一步扩大，从电子信息产品扩展到了电子电气设备，即工作电压在直流电 1500V、交流电 1000V 以下的设备及配套产品，增加了电器、电器产品作为控制对象（李宁，2011）。

（3）《电子废弃物污染环境防治管理办法》

2007 年 9 月 7 日经国家环境保护总局 2007 年第三次局务会议通过，于 2008 年 2 月 1 日起实施《电子废弃物污染环境防治管理办法》。其目的是防治电子废物污染环境，加强对电子废物的环境管理，适用于中华人民共和国境内因拆解、利用、处置电子废物而污染环境的防治和产生、储存电子废物污染环境的防治。国家环境保护总局对全国电子废物污染环境防治工作实施监督管理。县级以上地方人民政府环境保护行政主管部门对本行政区域内电子废物污染环境防治工作实施监督管理。

其中，第五条规定了新建、改建、扩建拆解、利用、处置电子废物的项目，建设单位（包括个体工商户）应当依据国家有关规定，向所在地设区的市级以上地方人民政府环境保护行政主管部门报批环境影响报告书或者环境影响报告表。第九条规定了从事拆解、利用、处置电子废物活动的单位（包括个体工商户）应当按照环境保护措施验收的要求对污染物排放进行日常定期监测。第十一条指出拆解、利用和处置电子废物，应当符合国家环境保护总局制定的有关电子废物污染防治的相关标准、技术规范和技术政策的要求。明确了处理电子废弃物活动单位的具体职责和要求，使得电子废弃物的处理有了法律依据。第十六条规定了产生工业电子废物的单位，应当记录所产生工业电子废物的种类、重量或者数量、自行或者委托第三方储存、拆解、利用、处置情况等；并依法向所在地县级以上地方人民政府环境保护行政主管部门提供电子废物的种类、产生量、流向、拆解、利用、储存、处置等有关资料。

（4）《家电以旧换新实施办法》

为进一步促进扩大消费需求，提高资源能源利用效率，减少环境污染，促进节能减排和循环经济发展，根据《国务院办公厅关于转发发展改革委等部门促进扩大内需鼓励汽车家电以旧换新实施方案的通知》（国办发〔2009〕44 号）制定。国务院出台的《家电以旧换新实施办法》，从 2009 年 6 月开始试点实施。2009 年 6 月 1 日 ~2010 年 5 月 31 日，在北京、天津、上海、江苏、浙江、山东、广东、福州和长沙 9 省（市）试点。它作为应对经济危机的政策实施，从而开启了废弃家电回收的正规渠道。家电以旧换新工作遵循"手续简便、方便消费、直接补贴、安全高效、节能环保"的原则。自 2010 年 6 月 1 日起，结合各地区旧家电拆解处理能力等条件，家电以旧换新实施范围新增 19 个省（市），扩展到 28 个试点省（市）。随着家电以旧换新政策的推出，一方面可以促进消费者对废弃家用电器的更新换代；另一方面，也可以拉动国内需求、促进节能减排、有效利用资源、稳定和扩大就业。

此次列入家电以旧换新补贴产品范围的品种有：电视机、冰箱（含冰柜）、洗衣机、空调、电脑 5 类。在第八条中，规定其补贴标准按新家电销售价格的 10% 给予补贴，补贴上限为：电视机 400 元/台，冰箱（含冰柜）300 元/台，洗衣机 250 元/台，空调 350 元/台，电脑 400 元/台（李德娟和李昆，2010）。而拆解处理补贴则根据拆解处理企业实际完成的拆解处理以旧换新家电数量定额补贴，其补贴标准是：电视机 15 元/台，冰箱（含冰柜）20 元/台，洗衣机 5 元/台，电脑 15 元/台。第四十条和第四十一条中规定，补贴资金的管理和使用遵循公开透明、分级负担、定向使用和动态监管的原则。补贴资金由中央财政和试点省（市）财政共同负担。其中，中央财政负担 80%，试点省（市）财政负担 20%。

另外，第十条规定了家电销售企业和家电回收企业由试点省（市）商务主管部门会同财政部门以招标方式确定，招标结果报商务部、财政部备案，并向社会公布中标家电销售、回收企业的名单和联系方式。第十六条规定为方便购买人交售旧家电，旧家电回收采取多元化回收的方式。家电生产企业（售后服务机构）、销售企业、专业回收企业和拆解处理企业等均可参加试点省（市）有关部门组织的家电以旧换新回收企业招投标活动。拆解处理企业应符合国家环境保护的有关法律法规的要求，招标确定的销售企业应当具有较强实力、信誉好、销售网络健全，回收企业将收购旧家电销售给拆解处理企业，向拆解企业开具销售发票，发票要注明交售旧家电的产品类别、规格、型号、数量和价格等信息。

目前此举开局良好，不仅促进了资源的循环利用，而且统筹考虑了售新和收旧，降低了企业物流成本。企业接收的废弃家电中电视机占比最大，达到了 81%。以家电销售企业为主体，与回收企业和拆解企业组成联合体，这三方的高效配合，从而在一定程度上提高了回收的效率和各方面参与的积极性。

（5）《废弃电器电子产品回收处理管理条例》

国家发展和改革委员会、环境保护部、工业和信息化部等部门又接连联合制定并推出了《废弃电器电子产品回收处理管理条例》及配套细则——《废弃电器电子产品处理目录》，该条例及配套细则从 2002 年开始研究，2008 年 8 月 20 日国务院第 23 次常务会议通过，已于 2011 年 1 月 1 日实施。它也被称为"中国 WEEE"，以规范废弃电器电子产品的回收处理活动，促进资源综合利用和循环经济发展、保护环境、保障人体健康，从长远来看具有重要且深远的意义。

十一届全国人大五次会议上，李全喜等 31 名天津代表团代表联名向大会提交制定"中华人民共和国废弃电器电子产品回收利用法"的议案。该议案中指出，2008 年国务院制定的《废弃电器电子产品回收处理管理条例》，尚未实现废弃电器电子产品从废弃、回收处理到再利用各个环节的规范和管理，监管部门及职责的具体内容也需进一步明确。迫切需要总结《废弃电器电子产品回收处理管理条例》实施以来的经验，制定"废弃电器电子产品回收利用法"。

该条例第五条规定了对废弃电器电子产品处理实行多渠道回收和集中处理制度。国家建立废弃电器电子产品处理专项基金，同时规定了电器电子产品生产者、销售者、维修机构、售后服务机构、回收经营者和处理企业的责任及政府监督管理职责。废弃电器电子产品处理专项基金制度，是依据有关法律规定，立足于我国国情，并借鉴国外"生产者责任制"的做法而提出的。生产者的责任主要是"绿色"生产。第十二条规定了废弃电器电子产品回收经营者应当采取多种方式为电器电子产品使用者提供方便、快捷的回收服务。第十九条规定了回收、储存、运输、处理废弃电器电子产品的单位和个人，还应当遵守国家有关环境保护和环境卫生管理的规定。同时，根据《废弃电器电子产品回收处理管理条例》中的第七条规定，国家建立废弃电器电子产品处理基金，用于废弃电器电子产品回收处理费用的补贴。电器电子产品生产者、进口电器电子产品的收货人或者其代理人应当按照规定履行废弃电器电子产品处理基金的缴纳义务。

另外，在附则中规定了经省级人民政府批准，可以设立废弃电器电子产品集中处理场。废弃电器电子产品集中处理场应当具有完善的污染物集中处理设施，确保符合国家或者地方制定的污染物排放标准和固体废物污染环境防治技术标准，并应当遵守本条例的有关规定。今后可以视实际需要，通过增补或调整《废弃电器电子产品处理目录》，逐步扩大条例的适用范围。

(6)《废弃电器电子产品处理资格许可管理办法》

2011 年 1 月 1 日起实施的《废弃电器电子产品处理资格许可管理办法》是为了规范废弃电器电子产品处理资格许可工作，防止废弃电器电子产品处理污染环境。明确规定了处理企业的申请条件和程序，提出由国家对废弃电器电子产品实行集中处理制度，鼓励废弃电器电子产品处理的规模化、产业化、专业化发展。主要由县级以上人民政府环境保护主管部门依照《废弃电器电子产品回收处理管理条例》和本办法有关规定对废弃电器电子产品的处理进行监督管理。办法的第二章详细地说明了申报企业需要的条件，禁止无资格的企业处理废弃电器电子产品和有资格的企业不按照规定进行处理。

(7)《废弃电器电子产品处理基金征收使用管理办法》

由财政部牵头起草的《废弃电器电子产品处理基金征收使用管理办法》（财

综〔2012〕34 号，2012 年 5 月 21 日）已经制定完成，并于 2012 年 7 月 1 日起执行。该办法在借鉴发达国家"生产者责任制"先进经验的基础上，结合我国具体国情，明确了电器电子产品的回收再商品化制度，为建立可持续循环体系提供了法律依据。根据《废弃电器电子产品处理基金征收使用管理办法》，国家税务总局印发了《废弃电器电子产品处理基金征收管理规定》（财综〔2012〕34号），同样自 2012 年 7 月 1 日起施行。

基金使用范围包括：①废弃电器电子产品回收处理费用补贴；②废弃电器电子产品回收处理和电器电子产品生产销售信息管理系统建设，以及相关信息采集发布支出；③基金征收管理经费支出；④经财政部批准与废弃电器电子产品回收处理相关的其他支出。

在《废弃电器电子产品处理基金征收使用管理办法》中，第五条明确规定了基金分别按照电器电子产品生产者销售的产品数量、进口电器电子产品的收货人或者其代理人进口的电器电子产品数量定额征收。其征收金额为 7～13 元/台，征收标准如下：电视机 13 元/台，电冰箱 12 元/台，洗衣机 7 元/台，房间空调器 7 元/台，微型计算机 10 元/台，基金缴纳义务人应该在季度终了之日起 15 日内，自行向其主管国家税务局申报缴纳基金。纳入基金征收范围的电视机是指含有电视调谐器（高频头）的、用于接收信号并还原出图像及伴音的终端设备；电冰箱是指具有制冷系统、消耗能量以获取冷量的隔热箱体，对自动售货机、容积<50L 的车载冰箱以及不具有制冷系统的柜体，不征收基金；房间空调器是指制冷量≤14 000W 的房间空气调节器具；微型计算机是指接口类型仅包括 VGA（模拟信号接口）、DVI（数字视频接口）或 HDMI（高清晰多媒体接口）的终端设备；洗衣机是指干衣量≤10kg 的依靠机械作用洗涤衣服（含兼有干衣功能）的器具。

另外，第四条规定了电器电子产品生产者、进口电器电子产品的收货人或者其代理人应当按照本办法的规定履行基金缴纳义务。第十一条规定了对采用有利于资源综合利用和无害化处理的设计方案以及使用环保和便于回收利用材料生产的电器电子产品，可以减征基金，具体办法由财政部会同环境保护部、国家发展和改革委员会、工业和信息化部、国家税务总局、海关总署另行制定。而第十二条中，电器电子产品生产者生产用于出口的电器电子产品免征基金，由电器电子产品生产者依据《中华人民共和国海关出口货物报关单》列明的出口产品名称和数量，向国家税务总局申请从应缴纳基金的产品销售数量中扣除。第二十条规定了对处理企业按照实际完成拆解处理废弃电器电子产品数量给予定额补偿，基金补贴标准为：电视机 85 元/台，冰箱 80 元/台，洗衣机 35 元/台，房间空调器 35 元/台，微型计算机 85 元/台。

征收废弃电器电子产品处理基金是促进经济社会可持续发展的重要举措，是我国资源综合利用和环境保护的重要内容。节约资源和保护环境是我国的一项基本国策。征收废弃电器电子产品处理基金是税务机关的光荣使命。这一条例的出台也开始有力地推动废弃电器电子产品回收和处理产业的进一步发展。

此外，在 2011 年以后开始公布的《废弃电器电子产品处理基金征收使用管理办法》《废弃电器电子产品处理资格许可管理办法》（环境保护部令第 13 号，2010 年 12 月 15 日）《关于公布第一批废弃电器电子产品处理基金补贴企业名单的通知》（财综〔2012〕48 号，2012 年 7 月 11 日）等一系列办法和通知标志着我国废弃电器电子产品开发应用体系作为城市矿产资源循环的一部分开始得到规范化和明确的引导。

值得注意的是，在 2011 年前，并没有针对废弃电器电子产品的回收和处理制定专门的规定和实施办法，而是通过各项办法和政策侧面防治废弃电器电子产品对环境和人类健康造成的危害。而从 2011 年后，引导性体系办法初步建立阶段则专门针对废弃电器电子产品的整个回收、处理、监管及基金的管理有了清晰的规定。从"办法"和"政策"角度大致勾勒出上述城市矿产开发应用的路线图。

2.3.3　我国废弃电器电子产品开发应用政策及立法存在的问题

自改革开放之后，我国经济的高速增长是靠高投入、高消耗、高排放、低效益获得的。目前我国正处在工业化中期阶段，相关立法应着力解决能耗过高、浪费严重、前端减量化问题，实现资源的高效利用和节约使用。按照减量化优先的原则，不仅要总结国内外大量的实践经验，还要将时代特征、中国特色、行业特点有机结合，形成有中国特色的法律法规框架体系（朴英爱，2008）。

如今，尽管我国出台了一些有关废弃电器电子产品的处理法规，但由于对电子废弃物管理的立法工作还处在起步阶段，专业性不强，废弃电器电子产品回收系统很不完整，更没有废弃电器电子产品的技术开发和研究，严重缺乏技术支撑，废弃电器电子产品处理依然成为影响环境的一个突出问题。同时，对电器电子废弃物回收利用的监管机制、对无利用价值废物无害化处理的技术标准等方面的法律法规也较为缺乏，更缺乏完整的配套细则（韦嘉燕和乐永兴，2010）。

2.3.3.1　法律法规的不完善

目前我国实行的《废旧家电及电子产品回收处理管理条例》有其不完善之处，没有明确强制回收的各种操作细则。所以，该条例对单个家电消费者的约束力与控制力不是很强（夏美玲和柯涛涛，2006）。尽管在该条例中也体现了 EPR 原则，EPR 反映环境政策的一个新趋势，即从末端治理转向环境污染源的预防，强调面向生命周期的环保政策，如规定了生产者对废弃电器电子产品的回收义务，而对再生利用的责任是否由生产者承担则没有规定。这说明规定的 EPR 原则不彻底、不完全。2012 年 7 月 1 日起执行的《废弃电器电子产品处理基金征收使用管理办法》中只有整机的电器电子产品的回收处理才能得到基金补贴，散件及零部件仍然没有得到有效处理。《废弃电器电子产品处理目录》只涉及电视机、电冰箱、洗衣机、房间空调器和微型计算机这五类产品，目录的范围还有待扩充。《废弃家用电器与电子产品污染防治技术政策》的提出并不是强制执行，此外国家还需要出台其他措施，如国家分期、分批公布有害物质名录，实施电器电子产品的绿色采购政策，加强配套技术法规等。《电子废弃物污染环境防治管理办法》对落后的处理技术指代不是很明确，不能从根本上解决因不当处理而引起的环境污染。

2.3.3.2　监管工作不到位

由于没有专门的法律法规来有效管理，并且对电子废弃物的管理实行的是分级管理与分部门管理相结合的模式，没有专门的机构进行监督和管理，使得这些电子垃圾大多在民间"自由流转"，多存在于小商贩或非法拆解作坊中。这些非法个体不仅回收国内的电子垃圾，甚至进口国外的电子垃圾。因此，我国废弃电器电子产品开发应用政策及立法存在的真正问题在于这些"管理办法"和"条例"缺乏有效的法律效力和约束力。

同时没有明确各个部门的职责，虽然鼓励电器电子产品生产者自行处理或者委托第三方回收及处理废弃电器电子产品，但是鼓励措施不够明确，使相关企业不愿意迈出第一步。《废旧家电及电子产品回收处理管理条例》中对处理企业的法律责任阐述清楚，但是没有提及监督部门的管理责任。

尤其是对电器电子产品生产企业、销售企业及消费者尚起不到有效作用。这些条例的推出多基于企业社会责任感和认证标准。政策引导行为性较强，并无实际的实施效果。同时法律法规的宣传力度不够，并且销售商的宣传存在明显的误导效应，明明是国家实施的"以旧换新"的惠民政策，而销售商以此进行促销宣传，失去了该政策的真正意义。

2.4　废弃电器电子产品开发应用行业现状与问题分析

2.4.1　国外废弃电器电子产品开发应用行业的发展状况

在政府的协调和管理下，或由生产者单独承担本企业产品的回收处理责任，或由若干生产者组成联合体，成立非营利性的回收管理组织，负责全国范围或局部地区的电子废弃物回收管理。在这两种模式中，后者即由众多生产者组成联合体，将生产者单独履行 EPR 转变为集体履行 EPR 的模式，有利于提高电子废弃物回收处理效率，降低各生产厂家的运行和管理成本，体现规模经济和效益，便于信息共享，因而采纳得更为普遍。国外垃圾回收利用大多是以包装废弃物和电子废弃物为重点。其出发点一是包装废弃物和电子废弃物在垃圾中所占比例较大，污染较大；二是国外包装产业和电子电器行业建立了相应的规范和标准，通过实施生产者责任制，从行业管理着手，以市场和行业为推动，形成以大型中介回收公司为主的运营方式，既发挥了行业管理的优势，同时也在实践中取得了较为显著的效果。

2.4.1.1 德国

德国在积极倡导循环经济的理念上，废弃电器电子产品回收与处理体系采用在政府的监管下，授权第三方非营利机构统一组织、协调和监控的运行模式。2006 年电子废弃物收集系统大约有 30 000 个商业收集点及 1000 个生产商提供的收集点。从事 WEEE 回收处理的企业有 500～700 家，以微型和小型企业居多。WEEE 回收处理已经形成了一个产业，回收处理公司的经营方式和规模各有特点。

在德国废弃物管理体系中，UBA（联邦环保部）是废弃物回收处理的主管部门。EAR 基金会（电子旧设备登记基金，Die Stiftung Elektro-Altgeraete Registe，由 27 个电子电器生产商和 3 个协会于 2004 年 8 月 19 日联合成立的行业非营利性组织）受 UBA 的全权授权，履行中立的结算中心和注册机构的职责，包括：生产商注册；收集统计生产商和处理厂报告的数据，计算、汇总生产商的市场份额并向 UBA 报告；接收由市政回收点发出的电子废弃物提取通知，同时向生产商或指定第三方发出电子废弃物提取通知；对生产商的相关活动进行监督（李静和马良，2006）。担保金制度是进行电子废弃物处理的有力保障。生产商在注册的同时，必须为其 B2C 产品提供资金担保（即破产担保），以确保破产后该产品能够继续得到回收和处理。

德国是世界上垃圾回收利用较为成功的国家之一。2010 年，德国每年产生各种电子垃圾近 200 万 t，人均约 25kg。政府首先从包装废弃物开始，通过回收再利用来减少垃圾的数量，形成了独具特色的"二元回收系统"，并取得了显著的效果，在欧洲国家尤其是经济合作与发展组织（Organization for Economic Cooperation and Development，OECD）国家中被广泛推广。在"二元回收系统"中，包括了生产商、经销商、绿点公司、废物回收公司、废物处理公司，其中绿点公司（Duales System Deutschland, DSD）是整个系统的核心（冯慧娟和鲁明中，2010）。废弃电器电子产品回收处理体系主要有专业回收体系（ProReturn）、欧洲生态网（ENE）、欧洲再生利用平台（ERP）和废物管理公司联合体（李金惠等，2011）。ProReturn 体系由罗意威（Loewe）、飞利浦和夏普建立，主要处理信息技术和通信设备、用户设备；ENE 由松下、汤姆森（Thomson）和日本胜利（JVC）建立，处理除照明设备外的所有类别电子废弃物；ERP 由博朗（Braun）、伊莱克斯、惠普和索尼发起；2010 年，废物管理公司体系在全国大约有 20 多个。莱茵废物回收处理企业（RWE Umwelt AG）隶属于莱茵集团（RWE Group），目前是德国最大的资源回收处理企业，拥有近 300 家不同的处理厂，为 RWE 集团和国内外客户提供废物处理处置服务，每年处理废物超过 1200 万 t，尤其在废纸、塑料和废弃电器电子产品回收革新计划中取得了较大成功，企业应用德国环境标准，并应用于海外工厂。德国爱德曼回收公司（Adamec Recycling GmbH）在德国菲尔特的回收设施获得了 UBA 的 1500 万欧元资助，主要用于回收废弃电器电子产品包含的塑料，200 万 t 流入德国市场电子产品中有 40 万 t 成分是塑料。光循环（Lightcycle）专业回收系统由 9 家照明生产商成立，是非营利公司，隶属于德国电器和电子制造商协会（ZVEI）。该系统仅回收废弃电器电子产品目录中的气体放电灯。Lightcycle 的回收体系伙伴数达 90 个，占德国该类产品 85% 的市场份额，Lightcycle 提供的回收处理服务占德国该产品回收市场的 90%。Lightcycle 为德国大学 1100 个市政收集点和 1000 个商业收集点提供服务。通过公开招标，Lightcycle 与 4 家运输服务商签订协议，每家负责 1~2 个具体的区域（德国被划分为 5 个区域），委托的处理企业是 LARS 和 LOAV 两家，分别有 Herborn、Larec 和 DELA 三家处理厂，由 Lightcycle 组织将废灯运送至指定地点。

德国废物管理及再生利用协会（BVSE）是德国资源回收组织，所有德国的回收商及处理商的资格都须由 BVSE 认证、注册，并且需接受 BVSE 后续不定期的检查及稽核。BVSE 目前已有 600 个以上的会员加入，与回收再利用相关的会员有 150 个以上，与废弃电器电子产品有关的回收商、处理商会员也有约 40 个。据 BVSE 数据，2006 年，德国每年的电子废弃物约为 200 万 t，年均增长率为 3%~5%，其中电子废弃物的 60%~70% 由市政当局公共废物管理机构收集，30% 由私人公司收集，人均收集量达到 5.5kg/a。德国的西门子富士通计算机公司就是成功的例子，该公司为了 WEEE 回收处理，在帕德博恩（Paderborn）建立了 9000m² 的厂房进行专业回收。

2.4.1.2　荷兰

荷兰是欧盟成员国中在电子废弃物管理方面做得较好的国家，其电子废弃物回收管理体系已运行数年，在制度设计和收费模式等方面积累了较为丰富的经验，对欧盟立法也曾起到较强的影响。荷兰针对不同产品类别建立了三个回收组织，分别为家用电器（NVMP）、ICT 系统（IT 产品、办公设备、电信产品）和照明设备（Stichting Lightrec）。此外，还有可能建立其他产品回收系统（国家发展和改革委员会资源节约和环境保护司，2006a）。

NVMP 是荷兰金属和电子产品回收协会，它依据 1998 年荷兰的《白色家电和棕色家电回收处理法》建立，主要处理白色电器和小家电。在 NVMP 电子废弃物回收体系的资金流向中，资金最后汇集到整个回收管理体系中资金流动的核心——NVMP 基金管理部，再通过公开招标的方式选择最适宜的物流商和处理商，并与中标单位签订合同，依据合同条款和实际回收、运输、处理的电子废弃物的数量向其支付费用（阎利和刘应宗，2006）。该系统是一个伞形机构，除了进行制度建设的总协会（董事会）外，下设五个独立的基金会，分别负责五类产品——白色电器、棕色电器、通风设备、电动工具和金属电动产品。政府以监督员的身份出席董事会会议。在荷兰，截至 2008 年 12 月，基于生产者和进口商的合同，荷兰金属及电子产品回收协会（NVMP）签约成员已有 1500 家，其中处理企业已有 7 家。

ICT 系统主要处理 IT 产品、办公用品和通信产品，1998 年由 160 家生产商和进口商共同出资建立。截至 2006 年，ICT 成为 210 多家企业参与的收集系统。ICT 不采用可见收费，每个会员企业按照实际发生的回收成本付费，再内部消化这些成本。2003 年开始，ICT 根据爱立信、惠普、飞利浦等公司的建议改为根据各个生产商的市场份额分摊回收费用。现在生产商负责收集和处理所有"灰色"产品，而不仅仅是自己品牌的产品，分类工作大为简化，创造了一个更为公平的收费体系。截至 2006 年，210 多家企业参与了 ICT 环境基金收集系统。

与 NVMP 和 ICT 签约的具有一定处理规模的代表处理公司主要处理含 CFC 制冷设备、大型电子设备、电视机和小型家电。例如，Coolrec 公司是 1991 年成立的处理废弃电冰箱的企业，隶属于荷兰。2016 年 Coolrec 在荷兰有 3 个处理点，比利时有 2 个，法国 1 个，德国有 2 个。处理的电器废物类型包括制冷设备、小型电器、电脑和通信设备、阴极射线管（CRT）、液晶（LCD）电视机和显示器，以及医疗、运动设备等；西门斯回收公司隶属于西门斯回收方案集团（Sims Recycling Solutions），在荷兰有 3 个处理点，一个位于埃因霍温（Eindhoven）的电子废物综合处理中心，一个位于埃赫特（Echt）的专门处理 CRT 的设施，一个位于哈勒姆（Haarlem）的电子及通信设备处理中心。位于埃赫特的设施每年回收处理大约 4 万 t 电视机和显示器的 CRT。2006 年 Coolrec 在荷兰多德雷赫特（Dordrecht）工厂占地约 1 万 m^2，日处理 1000 ~ 1500t 电视机。电视机首先由工人拆解, 然后 CRT 被送进分离处理设施, 分离成含铅玻璃 (锥玻璃) 和含钡玻璃 (屏玻璃), 每小时可以处理 60~70 个 CRT, 屏玻璃中荧光粉被去除后可用于制造新 CRT 面板, 公司开发专用设施去除锥玻璃中的铁氧化物, 然后用于制造新 CRT。荷兰回收者联合公司 (Recydur), 在荷兰有一工厂用来处理废弃电器; HKS 非金属回收公司 (HKS Metals) 有五个工厂, 分别在阿默斯福特 (Amersfoort)、阿姆斯特丹 (Amsterdam)、艾恩德霍芬 (Eindhoven)、亨格罗 (Hengelo) 和兹瓦茨勒伊斯 (Zwartsluis), 每年处理废黑色金属超过 100 万 t, 废有色金属超过 10 万 t; 德·瑞特回收公司 (De Ruiter Schroot) 是最大的白色电器签约方, 隶属于范·戴伦金属回收和贸易集团 (van Dalen Metals, Recycling & Trading)。

Stichting Lightrec 是由包括飞利浦、比荷卢 (SLI Benelux)、库柏工业 (Cooper Menvier) 等公司在内的企业为履行废弃电子电气设备的回收义务, 于 2003 年 12 月成立的一个专门处理商用和家用废灯泡与照明器具 (至少有一个灯泡的器具) 的回收组织, 采用可见收费。NVMP 将承担其实际的产品回收和处理事务。

2.4.1.3 芬兰

在北欧国家芬兰, 全国每年回收利用的电子垃圾达到 5 万 t。而这些电子垃圾中 50% 以上是由芬兰最大的电子垃圾回收公司——库萨科斯基公司进行分类加工处理的。成立于 1914 年的库萨科斯基公司最初以回收利用工业金属垃圾起家, 也专门为大量使用电子设备的客户提供全套的电子垃圾回收处理服务, 电脑的回收利用率已经达到 90%。该公司将分类后的各种电子垃圾送到相应的专门加工厂进行粉碎、铸造等再处理, 使电子垃圾变成各种工业生产原料, 供应本国和外国的工业企业使用 (钱伯章, 2010)。2012 年, 该公司在芬兰全国各地设有 20 个回收站, 负责回收各种电子垃圾和金属垃圾。该公司的黑诺拉回收处理厂距首都赫尔辛基 130km。回收的电子垃圾包括电脑、打印机等办公自动化设备, 电话、手机等通信设备, 微波炉、冰箱等家用电器以及音响喇叭等电子娱乐设备。这里的预先分类厂先将废品中的有害物质拆除, 再将各种电子设备拆卸, 按不同材料进行分类。其中一些材料可以加工处理成原材料, 出售给那些可以再利用它们的工厂。

为了节约自然资源, 减少过度消费对环境带来的负担, 芬兰首都赫尔辛基于 1990 年建立了大型回收中心。其经营目标是通过对回收的废旧物品进行充分再利用, 以减少垃圾数量, 改善人们的生活环境。20 余年来, 该回收中心回收再利用了各类物品 1200 万件。仅 2011 年, 就有近 200 万件物品通过回收中心找到了"新家"，相当于2.2万t固体自然资源。1990年10月30日，位于赫尔辛基市区屈莱萨里的第一个回收服务点正式开张。为此，专门成立了赫尔辛基回收中心公司，芬兰环境部专门为中心的启动和运作提供资金支持，赫尔辛基市政也为回收中心支付房租而提供资助。目前，回收中心在首都赫尔辛基地区就有5个服务及销售点。

芬兰的生态电子公司在北部电子城奥鲁市建成一家电子垃圾处理厂，采用类似矿山冶炼的生产工艺，把废旧手机、个人电脑以及家用电器进行粉碎和分类处理，对材料重新回收利用。2010年这家工厂每年可处理1500~2000t的电子垃圾。

在芬兰，目前每处理1t电子垃圾的成本为700~1300欧元。从电子垃圾中所回收的金属、塑料和玻璃大部分在芬兰本国加以利用，并且专门进行电子垃圾处理的公司还在不断增加（钱伯章，2010）。

2.4.1.4　美国

美国废弃电器电子产品处理产业发展大致经历了两个阶段，以2003年为界限。2003年以前，有用物质被简单回收，回收处理数量减少，大部分被回收废弃产品采取出口策略（占50%~80%），部分进入填埋场。自2001年开始讨论在联邦层次立法，但资金机制问题阻碍了这一进程。2003年至今已有超过20个州、1个自治市实施废弃电器电子产品管理法。废弃电器电子产品被回收和处理的数量逐渐增多，进入填埋场的产品数量逐渐减少，但部分废弃物仍然采取出口处理策略。

目前，美国从事废弃电器电子产品利用与处置的企业有近2000家，分布在全美50个州，超过100家处理企业的州有5个，回收和处理企业集中在沿海或内陆边境（李金惠等，2011）。这些企业中，只有一小部分企业以环境友好方式对废弃产品开展处理工作，许多回收公司采用手工拆解，然后将难于处理或处理成本很高或有毒高危部分运往海外处理。美国环境友好型的废弃电器电子产品回收处理企业有两种典型形式，即跨国公司和专业小型公司。例如美国财富集团（Fortune Group），主要从事金属和塑料回收行业，至今已逾28年，是最大的金属、塑料和电子产品的购买商和回收商之一，该企业每年回收15.88万t材料，是废物回收处理领域第一家获得ISO相关认证的企业。

美国国家环境保护局把电子废弃物分为三种类型：大宗电器、小型电器和消费型电子产品。大宗电器是指冰箱、洗衣机、热水器等体积较大的白色家电；小型电器则包括电吹风、咖啡机、烤面包机等体积较小的家电；消费型电子产品又分为音频产品、视频产品、信息产品。

目前，白色家电的回收处理主要受经济利益驱动，驱动因素是金属废料的回收，以黑色（铁类）金属为主，此外也包括铜、铝、锌等的回收。从1994年开始其回收率一直在70%以上，2003年回收率达到了89.7%。据美国废物回收工业学会（由1200多家回收公司组成的非营利性组织）介绍，每年钢材回收量达到7000万t，铝回收量达到500万t（国家发展和改革委员会，资源节约和环境保护司，2006b）。据统计，2005年美国废弃的电子产品以电视机、个人电脑、手机、打印机、扫描机、传真机等电子产品为主，其中电脑、电视机和手机一直居于美国电子垃圾的前三位，80%～85%主要丢弃在垃圾填埋场，仅15%～20%被回收和再利用，在城市固体垃圾流量中的比例已接近2%（张介岭，2008）。

美国对于废弃物的管理主要有两种模式：生产商责任制和消费者责任制。设在哥伦比亚特区华盛顿的废料回收工业协会（ISRI）指出，现在的问题是如何能开发出可持续的系统。2009年1月，通过收购国际电子废弃物回收商协会（IAER）的资产，美国加强了ISRI的力量，统一了各电子废料公司的意见。ISRI和IAER的某些认证项目将合并，从而改变了被认证公司的形象（兰兴华，2009）。从2004年11月起，IBM公司的统筹资产管理部（GARS）宣布一套资产回收方案，以购回消费者手中的符合类型标准和条件的商品，以便提供最合适的再利用和回收整体服务。IBM公司有偿从个人和小企业手中回收任何品牌的计算机，但消费者必须将自己的计算机包装好送往指定回收公司。回收公司将可用的计算机通过一家非营利机构捐献出去，不可再用的废弃计算机则进行回收处理（佳佳，2011）。

为了实现资源的优化配置，弥补州、地政府资源不足，美国开始重视发挥企业界和公私合作模式的优势。2003年发起的"电子产品循环置入"（Plug In Toe Cycling）志愿合作项目，由美国国家环境保护局、电子产品制造商、零售商和服务运营商共同合作。以加利福尼亚州为例，加利福尼亚州是美国最早实施废弃电器电子产品法规的地区，经国际电子废弃物回收协会（CIWMB）的核定从事废弃电器电子产品收集的共有596家，其中59家还同时从事废弃电器电子产品的循环利用。

2.4.1.5　加拿大

为适应不断增长的电子废物安全管理需求和推动以产品为重点的资源再生战略，加拿大环境部、加拿大自然资源部、加拿大工业部携手电子产品制造商和各省、地区的政府机构，共同构建并推动实施了以业界为主导的国家电子废物回收再利用计划。

加拿大电器管理协会（Canadian Electrical Stewardship Association，CESA）介

绍称，不列颠哥伦比亚省于 2011 年 10 月 1 日就已经开始运行"消费电子产品回收项目"，该项目是加拿大第一个小家电及电动工具回收项目，也是该省唯一由政府指定的小家电和电动工具回收项目。近年来，越来越多的一流电子产品制造商的加入，使得加拿大电子产品管理协会（EPSC）的成员由最初的 16 个发展为 22 个。EPSC 在加拿大电子废物管理立法过程中的影响力日益增强，既较好地维护了成员的利益，又有效推动了电子废物回收计划的开展。

加拿大诺兰达公司近年来非常重视从废弃电子产品中回收铜、银、铂、钯等贵金属。2000 年该公司 70 亿加元的营业额中，有 4 亿加元来自回收业，而回收业的货源中有 3/4 是电子产品。在诺兰达公司眼中，使用过的电子产品具有极大的价值。2000 年，诺兰达公司掌握着北美回收市场的 3/4，该公司预计今后 5 年金属回收的数量将至少增长 1 倍。

2.4.1.6 日本

为了保持舒适的生活环境和健康的经济发展，有关各方在适当责任分担的基础上，开始实行一般废弃物的减量并将其作为再生资源予以充分利用。日本是东亚地区第一个完成工业化的国家，尽管近 20 年来产业在全国范围内再分工，但庞大的制造工业产生的工业废物依旧制约着日本环境的可持续发展（李金惠等，2011）。日本国内有 A、B 两个回收处理组织，A 组有松下、东芝等 13 个公司，共设 190 个回收点和 24 个回收利用厂；B 组有日立、三菱电机等 18 个公司，共设 190 个回收点和 14 个回收利用厂（安小等，2007）。关于干电池的再生利用方面已不再回收单项金属，改为整体回收后作磁性材料（昌国强等，2003）。松下电器公司在日本西部兵库县加东市有一家独资兴建的环保技术中心，2001 年 4 月正式投入使用至 2007 年 2 月底，该中心共回收处理电视机 130.5 万台、洗衣机 102.8 万台、空调 72.6 万台及冰箱 89.3 万台，再生利用率接近 85%。该中心拥有电视机、洗衣机、空调和冰箱的 4 条废旧电器处理流水线，针对不同种类的电子垃圾采用的处理方式也截然不同（钱伯章，2010）。

为了加强国民对特定家用电器回收和再商品化的认识，采取了要求国民共同努力的必要措施，都、道、府、县及市镇村必须以国家实施的政策为依据，采取措施，促进废弃家电的回收和再商品化。1998 年，日本经济产业省的统计测算，日本一年销售的 4 种家电近 2200 万台，每年废弃的 4 种家电接近 1800 万台，其中近 1100 万台得到了妥善处理，700 万~800 万台作为二手产品出口到海外，每年环境省查获的非法丢弃废弃家电 15 万台左右。通过 10 多年的发展，日本已建设成覆盖全日本的废旧家电回收网络和资源循环处理工厂，形成了从回收、运输到处理的完整废弃电器电子产品处理产业链，资源的回收率和回收量都有明显的提高。

2.4.1.7　韩国

由于韩国国土狭小、资源紧迫，政府高度重视废弃物的管理、节约和回收利用工作，有关法律和管理体制相对比较完善。根据《电气电子产品与汽车资源回收利用法》规定，生产者可以通过自行回收处理、加入企业联合体、委托专门从事废弃物再利用的公司履行其回收利用废弃电器电子产品的责任。2006 年以后，环境部也负责制定了各指定产品的目标循环再生率，其中电视机（等离子和液晶电视除外）和个人电脑为 65% 以上，冰箱、音频设备、移动电话为 70% 以上，家用洗衣机和空调器为 80% 以上（李猛，2008）。目前，韩国绝大部分电器电子产品生产者选择加入企业联合体的方式来履行义务（李金惠等，2011），回收处理废弃物的合作社约有 11 家，遍布全国各地，同时专门成立了一家名为"资源再生公社"的公营企业，专门负责管理和监督"废弃物再利用责任制"的实施。自从设立了资源再生公社并管理监督以来，废弃物品的循环利用率提高了近 6%。此外，资源再生公社还广泛募集资金，鼓励和支持企业开展废弃物的循环再利用以及进行循环再生利用技术的研发（高健，2010）。此外，三星、LG 等 60 个生产者会员企业成立了韩国电子产业环境协会，进一步执行相关品牌的废弃电器电子产品的回收利用和处理工作。该协会现有 5 个规模较大的废弃电器电子产品处理设施，均衡地分布在不同区域，负责当地废弃电器电子产品的处理。

上述 5 个处理中心的处理设施由 4 个大规模韩国制造商（LG、三星等）投资建立，年处理能力为 8.3 万 t。其中，4 个处理设施年处理能力都约为 2 万 t，平均投资超过 1 亿韩元，处理率达 86%。主要处理产品为冰箱、洗衣机、空调、电视机等大型家电，分布在韩国 4 个区域，服务于全国；另一个处理中心设在济州岛。但是电子计算机、手机废弃电器电子产品由其他处理企业负责处理，并且一部分再生利用的产品经过维修后出口到其他发展中国家。此外，还有 35 个小型或中等规模的回收商与这 5 个处理中心签约合作。

其他处理企业以 Keumhwa 技术发展公司（Keumhwa Technical Development）和韩国陆地回收公司（Recycle Land Korea）为代表。前者是专业再生企业，收集各种废弃产品，利用再生处理技术分离、提取、再利用废弃物，并研究和开发贵金属资源回收系统，是一家从产业废弃物中提取资源的资源再生公司。后者是从事电子计算机及二手计算机、手机再生使用的企业，也从废弃电子部件中提取贵金属。

综上所述，各国废弃电器电子产品开发应用行业发展较为迅速，回收和处理体系较为完善。不同回收处理企业（甚至本身就是产品生产企业）分门别类地按照各自优势回收和处理相关联废弃产品，使资源配置合理。此外，由各国大型生产企业联合而成的回收和处理行业协会在很大程度上帮助并解决了相关产品的再利用问题，大大提升了资源循环效率。同时都有专门的组织（企业或非营利机构）来管理和监督相关政策或者制度的实施。

2.4.2 我国废弃电器电子产品开发应用行业的发展状况

随着电子资讯产业的发展和电子废弃物的大量产生，资源浪费与环境污染伴随而来，电子废弃物的回收、处理、资源化利用成为各国普遍关注的焦点问题。就我国而言，现存为数不多的电子废弃物企业普遍面临着运营亏损的状态，不仅其经济效益难以实现，也严重影响其发挥环境效应。

2.4.2.1 台湾

台湾地区对再生资源回收利用企业实行许可/申报制度，对企业重要回收加工设备技术情况，主要技术人员的资历和专业培训资格证书，营运及管理计划书等核发许可证并进行信息化技术管理。企业申报、审核、缴费、领取补贴等均通过网络进行，大大提高了工作效率，并形成了一套比较成熟的运作模式。据官方统计，2010年全台湾再生资源回收处理行业有5024家相关企业单位，其中垃圾清除业3203家，回收业708家，处理（再利用）业1113家。再利用行业中，大型企业（注册资本在8000万新台币以上，员工200人以上）40家，占4%，中小企业1073家，占96%。2010年再生资源产业总产值为1092.83亿新台币，从业人员7.28万人，人均年产值为153.91万新台币。总产值将达到1362亿新台币，从业人员达到8.6万人（朱庆荣和翁永源，2012）。

在2010年，台湾地区享受补贴的正规处理机构有14家，其中台北2家，台中3家，台南9家。台北区平均处理废弃电器电子产品约18 318台/月，台中区平均约23 097台/月，台南区平均约31 540台/月。台湾目前回收相关的公告项目有14大类、涉及33个项目的产品。14大类包括铁容器、铝容器、玻璃容器、纸容器、塑胶类容器、干电池、机动车辆、轮胎、铅蓄电池、润滑油、通信物品、电子电器、照明光源等。通过这些年的发展，社会各界逐步提高了对资源再利用的认识，培养了良好的生活习惯，资源回收率不断提高，见表2-6。

表 2-6　废电子电器及废资讯物品回收量和回收率

年份		2008		2009		2010	
项目		回收量	回收率/%	回收量	回收率/%	回收量	回收率/%
废电子电器/台	电视机	484 454		504 978		602 099	
	洗衣机	293 731		292 000		369 369	
	冰箱	318 943	56.26	293 869	55.6	333 276	61.83
	空调	360 046		326 283		469 387	
	电风扇	16 860		9 454		11 905	
	小计	1 474 034		1 426 584		1 786 036	
废资讯物品/件	笔记本电脑	38 255		44 813		53 311	
	主机	988 087		839 120		1 177 991	
	显示器	691 416	39.05	822 353	31.83	1 201 535	40.9
	印刷机	690 237		583 086		698 104	
	键盘	371 952		280 601		422 784	
	小计	2 779 947		2 569 973		3 553 705	

2.4.2.2　内地

目前，我国已经开始规定（新电器）产品需要建立产品档案，标记安全使用期限，严格规定对超期产品进行强制回收处理，禁止再流入市场。档案的建立不但解决了废弃电子产品的污染问题，也极大地促进了我国废弃电器电子产品开发应用行业的发展。2011 年我国生产电视机、电冰箱、洗衣机、空调、计算机等 5 类电器产品 6.8 亿台、其中国内销售 3.1 亿台，出口 3.7 亿台，此外还进口777 万台。同时，随着经济的高速发展，人民生活水平的不断提高，以及电器产品一定的生命周期，我国也已经进入到电器电子产品更新换代的高峰期。据统计，截至 2011 年年底，我国主要电器电子产品的社会保有量分别为：电视机 5.2亿台，电冰箱 3 亿台，洗衣机 3.2 亿台，空调 3.3 亿台，计算机 3 亿台，合计17.7 亿台。这 5 类产品每年的废弃量达数千万台。（国家税务总局征管和科技发展司，2012）。2011 年，我国"四机一脑"的报废量超过 7000 万台，约为日本的 3 倍（李博洋和顾成奎，2012）。

为了推动我国废弃家电回收处理，促进资源回收再利用，在 2003 年 12 月，国家发展和改革委员会确定了浙江省、青岛市为国家废弃家电回收处理的试点省（市）。同时将浙江省、青岛市试点项目以及北京市、天津市废弃家电示范工程纳入第一批节能、节水、资源综合利用项目国债投资计划中（中国再生资源回收利用协会，2005）。我国的其他省（市），如广东、上海、石家庄等地区也在纷纷建立适合自身城市发展的废弃电器电子产品回收处理体系。

通过获得基金补贴可以让电器回收企业在生产成本方面与小作坊式的回收企业竞争，支持回收处理产业向专业化、规模化发展，实现处理企业产业化，减少对环境的二次污染（国家税务总局征管和科技发展司，2012）。

河北省"十一五"规划纲要循环经济示范项目——"年处理6万吨电子废弃物项目"一期工程于2008年8月上旬投产，项目总投资5亿元，是目前国内最大的电子垃圾处理项目。工程分三期，一期项目生产能力为年处理各类电子垃圾1万t，年回收黄金1t、白银5t，以及大量的阴极铜、铝、铁等金属，年产值可达3亿元，利税1亿元。

为分析行业现状，展望行业发展，由中国家用电器研究院主办的"中国废弃电器电子产品回收处理及综合利用行业现状与展望——行业研究白皮书（2011）"发布会在北京举行。会议指出，2011年我国废弃电器电子产品回收处理及综合利用行业得到了快速的发展。企业不论在数量上还是规模上，都有了大幅的增加。很多有实力的企业，包括上市企业、外资企业，积极投身中国废弃电器电子产品回收处理体系的建设。我国废弃电器电子产品回收处理行业正在由以个人作坊式为主，向规范化、规模化和产业化转型。白皮书中显示，截至2011年12月31日，全国共有1125家中标家电以旧换新的回收企业。在这些中标回收企业中，有生产企业、专门的电器电子产品销售企业、传统的回收企业以及拆解处理企业。

环境保护部、国家发展和改革委员会、工业和信息化部、商务部联合下发的《关于组织编制废弃电器电子产品处理发展规划（2011—2015）的通知》明确指出开展废弃电器电子产品处理发展规划的组织编制工作。主要内容如下：

1）编制废弃电器电子产品处理发展规划是落实《废弃电器电子产品回收处理管理条例》的一项重要工作，对于促进和规范本辖区废弃电器电子产品处理产业发展具有重要的指导意义。

2）各地要深入实际开展调查研究，摸清本地区废弃电器电子产品产生、回收、处理等基本情况，全面掌握处理能力、技术和污染防治水平，科学测算可能的废弃量及其趋势。分析其跨区域流动情况。

3）要充分发挥规划的宏观调控和指导作用，引导和促进处理产业向规范化、规模化、产业化方向发展。鼓励采用特许经营的模式发展处理产业。

4）要发挥我国劳动力资源丰富的优势，完善处理工艺规范和标准，发展适合我国国情的处理技术和装备。

5）地方人民政府应当结合再生资源回收体系建设工作，将废弃电器电子产品回收处理基础设施建设纳入城乡规划。

6）各省级环境保护主管部门要加强与发展改革、商务、工业和信息化主管部门的沟通，建立工作协调机制，明确责任和分工，有效推动规划的实施。

7）废弃电器电子产品回收处理涉及电器电子产品生产企业、销售企业、回收和处理企业以及消费者等方方面面，要通过广播、电视、网络等媒体加强宣传教育，充分营造社会氛围。树立"人人有责，全社会参与"的观念（张介岭，2008）。

2012 年 7 月 11 日，国家又公布了第一批 43 家废弃电器电子产品处理基金补贴企业名单，其中大部分为家电型企业，从而表明了国家鼓励电器电子产品生产者自行回收处理废弃电器电子产品，将积极在政策上给予支持，希望家电生产企业参与回收拆解。且家电企业获废弃电器电子产品处理基金补贴，有利于鼓励家电企业充分利用自身优势，形成完整的大循环，对生态环境的保护起到更为积极的促进作用。

回收企业为了更有效地回收必须设置适当的回收点，配备一定数量的运输、仓储等回收相关设备，不同回收渠道因其不同的特点，在固定资产投入上也存在差异。上门回收方式下，回收企业为了更好地进行回收，需要建立多个回收点以保证更大的回收覆盖范围，回收企业在回收点的投入相对较大（王茵，2008）。但相关回收企业自身也存在很多缺点，见表 2-7。

表 2-7　一些废弃电器电子产品回收处理企业的优势与劣势

公司	基本情况	优势	劣势
华星	华星集团环保产业发展有限公司是集环保技术研发创新、环保设备开发制造、环保系统集成供应、环保项目投资营运、循环物流体系建设和相关技术服务为一体的综合性高科技环保企业	北京市政府定点的电子垃圾回收企业，资金充足，体制建立完善	处理废弃物整机较多，不直接涉及电路板处理，同时处理能力相对于快速增长的电子垃圾产生数量较小
绿天使	天津市绿天使再生资源回收利用有限公司自 2004 年 1 月 7 日成立，作为废物回收进社区工作唯一的社区商业连锁企业，在市区已建回收亭点 84 个，整合收编流动回收车辆 2500 余辆，提供就业岗位 2800 余个，在不到 9 个月的时间回收 CRT 玻璃万余吨，实现利润 15 万余元。填补了物回行业的一项空白	政府定点的电子垃圾回收企业，资金充足，体制建立完善	重回收，轻处理；且处理废弃物整机较多，不直接涉及电路板处理
泰鼎	泰鼎（天津）环保科技有限公司由台湾金益鼎股份有限公司与上海爱康电子系统工程有限公司、天津市绿通环保工程设备开发有限公司共同出资设立，总投资额 1 亿元在天津经济技术开发区化学工业区，专门从事电子垃圾和工业垃圾的无害化、资源化处理	华北地区规模最大的电子垃圾处理回收基地，可以直接为开发区内的摩托罗拉、三星、LG、松下、丰田汽车等企业服务，资源丰富，处理能力强	区域性较强，集中在天津经济技术开发区内；合资成本较高；处理废弃物整机较多，不直接涉及电路板处理

可以看到，国内回收处理企业仍然存在很多弱点。例如，一些回收企业竟然不涉及电路板的处理工作，造成这种现象的主要原因是技术的落后，即缺乏可用的成熟技术，然而电路板蕴含大量的贵金属与塑料资源，具有很大的经济价值。通过对一些私营企业，如苏州通和电器有限公司等的了解，发现这些公司的软肋在于：对环境保护和电子废弃物资源化的进程认识不深，并且在产品的生产过程中过分依赖于国外的技术和专利，研发能力较差，导致其产品价格十分不稳定。

2.4.3 我国废弃电器电子产品开发应用行业存在的问题

中国正在成为世界最大的电子垃圾集散地。据相关机构统计，全球每年从消费过程、生活过程以及维护过程所产生的电子垃圾总量在 2000 万 ~ 5000 万 t，其中 20% ~ 30% 的电子垃圾的最终处理和再利用地是在中国（佳佳，2011）。但是我国的废弃电器电子产品开发应用行业还存在以下问题。

2.4.3.1 缺少政府的优惠政策与资金支持

把市场竞争机制引入电子废弃物循环利用产业领域，充分发挥企业的主观能动性。国家应当把电子废弃物产业确定为战略产业，并从多方面给予优惠政策，鼓励并推动其发展。电子废弃物循环利用企业在依靠技术创新实现资源综合利用的前提下，依托市场，实现规模化生产，实现经济效益、社会效益和环境效益的协调统一。

长期以来，我国废弃电器电子产品开发应用以家庭式小作坊为单位。据广东省环境保护局透露，广东省每年废弃电器电子产品的产生量达到 300t，大部分是在家庭式作坊中处理。广东省委、省政府就在 2005 年，专门针对南海、汕头、清远三地因低水平焚烧、酸浸等方法回收废弃电器电子产品中的金属资源而导致水质严重破坏，乃至伤害人群的恶性环保事件进行了调查和处理（甘舸等，2005）。

虽然现在国家鼓励处理企业与相关电器电子产品生产者、销售者以及废弃电器电子产品回收经营者等建立长期合作关系，回收处理废弃电器电子产品。但是没有出台具体的政策，只有少数电器电子生产者愿意加入回收利用的行列。因此，调动生产者、回收经营者和处理企业等各方面对废弃电器电子产品回收处理的积极性，实现废弃电器电子产品的"再商品化"，促进电器电子产品从"生产、使用、废弃"型的传统模式向"生产、使用、回收、再利用"的循环型模式转变，形成电器电子产品从生产、销售到回收、处理的良性循环机制是十分必要的（国家税务总局征管和科技发展司，2012）。

2.4.3.2 缺少生产商、销售者与消费者之间的合作

政府在推进废弃家电回收处理试点的过程中遇到了很多问题，其中最主要的

问题是回收处理企业无法回收到足够的废弃电器电子产品。造成这一问题的主要原因有两点：一是没有完善的回收渠道，政府在这方面的宣传力度不够，即使消费者想要将废弃电器送给专业回收处理厂处理也投送无门，不像其他国家和地区有固定的回收点（站）；二是成本相对较高，回收处理的资金来源比较匮乏，回收处理企业没有足够的资金支持，而流动摊贩几乎没有成本，所有的成本就是劳动力自身。而专业回收处理公司包括固定资产投入、人工成本、运营成本和税金等成本。而且从消费者手中得到废弃电器电子产品不仅不能收费甚至还要支付一定的费用，不然消费者就会将废弃电器电子产品卖给流动摊贩。因此，如果考虑都是从消费者手中购买，然后出售二手电器，或者处理回收贵重金属，那么流动摊贩的利润大于企业，而专业回收处理公司甚至不赚钱。《家电以旧换新实施办法》的实施只是暂时缓解了这些问题的出现，但是随着 2011 年 12 月 31 日这一政策的落幕，问题又会回到原点。

2.4.3.3　缺少废弃电器电子产品的处理企业

现在家用电器电子产品的数量和种类不断增加、结构日趋复杂、产品技术含量不断提高、产品组分不断增加，导致废弃电器电子产品的处理难度不断提高，主要表现在电子垃圾处理企业不足、处理手段和技术远远落后于家用电器电子产品技术的更新。而法律法规对处理企业的资质要求很高，因此一个合格的处理企业需要采用先进的技术、设备、工艺，使得初期投入较大，部分企业望而却步。2012 年 7 月 11 日公布的享受政策补贴的企业只有 43 家，这种资金上的支持还是不够的，而且部分省（市）还没有受补贴的企业，对废弃电器电子产品回收处理的发展来说是远远不够的。

综上，我国废弃电器电子产品开发应用行业存在的问题主要为缺少政府行为和资金的支持，缺少政策和法律的倾向性和保障，缺少与电器电子产品制造商、销售商乃至消费者之间的互动，处于被动生存的环境中，缺乏配套体系的建立与支撑和适当技术的选择。

2.5　废弃电器电子产品的重点领域开发应用现状

2.5.1　废弃电器电子产品的拆解和破碎技术现状

在废弃电器电子产品开发应用的过程中，将其进行拆解，对所得元器件进行合理分类，是回收利用废弃电器电子产品及其配件过程中最重要的预处理工序，也是回收处理工艺的起点。合理的拆解是有效回收利用的前提。

废弃电器电子开发应用的目的，是以较经济的方式实现零部件的再利用、材料的回收和减少二次污染，使废弃电器电子材料根据自身的价值进行不同级别的物质循环。确定拆解目标时，首先应对废弃电器电子物质构成的多样性及产品生命结束后零部件和材料再使用级别的差异性进行分析，然后考虑材料回收工艺因素和环境因素，包括选出可以直接使用或再加工使用的零部件、容易破坏环境的物质、对后续工序有害的物质、难处理的零部件、材料兼容性的结合体、工艺因素影响的结合体及有价值的零部件。

传统意义上的拆解是将产品自上向下一直拆到最底层，最终得到的是一个个单独的零件。而在废弃产品回收过程中，这种拆解方式往往是不经济的，甚至是不可能的。实际拆解往往是部分拆解或特定目标的拆解。废弃电器电子产品的拆解过程有其特殊性。由于废旧家电物质构成的多样性和产品生命结束后零部件和材料使用级别的差异性以及对拆解经济性和环保的要求，废弃电器电子产品拆解与回收的总原则是：获取最大的利润，使零部件材料得到最大限度的利用，简化剩余物质的回收工艺，并使最终产生的废弃物数量最少。具体就是要遵循：①逆向原则。拆解要按照装配的逆向过程来进行，这样方便拆解，避免干涉现象的发生。②子装配体的稳定性原则。子装配体是指整个产品和单个零件以外的零件组合体，它的稳定性是指在重力、弹力或摩擦力作用下，其零件不会自动分开或移动，否则不用拆解。③拆解工具的重复使用与调换拆解方向原则。在拆解前对可以拆解的若干零件进行连接性质的判别，在实际操作中，原则上沿一方向连续拆解可拆解零件，但遇到相同性质的零件，可调换方向，优先拆解该零件，简言之就是要求在一个拆解工序中，允许有几个工位，同一拆解工具可以重复使用来提高工作效率。

另外，拆解易受到废物处理费用、操作条件、产品使用状况等诸多因素的影响，故应对影响产品拆解与回收价值的因素进行细致的分析。选择合适的拆解方法及拆解路径，是实现经济效益和环境效益最大化的前提。而零部件间的连接方式、产品使用环境不同、拆解的难易程度和拆解费用不同都会对其产生较大影响。其中，拆解费用包括拆解人工费和设备使用费。拆解人工费主要指工人工资，其单价与本地区的经济发展水平、行业规范、劳动力市场供求关系等因素有关。设备使用费用包括拆解所需的工具、夹具及辅助装置的费用，拆解操作费用，材料识别、分类运输机储存费用等。拆解费用是衡量产品可拆解、可回收性好坏的主要指标之一。一般来说，拆解费用较小，零部件单元的回收再利用价值就越高。拆解是废弃电器电子的预处理阶段，拆解方式和拆解程度对后续处理流程有很大的影响，在回收工艺中占据重要位置。人工拆解可降低成本的投入，但随着回收产品数量的增加，自动拆解是未来发展的必然趋势。提高拆解工艺的柔性和自动生成有效的拆解序列，是废弃电器电子业面临的新挑战，也是回收工艺中最具有创造性的工序之一。应充分考虑废弃电器电子开发应用过程中模块化回收的特点，采用目标拆解理念，简化研究对象，采用一些评价指标对所有可行的拆解路径进行定量分析，给出最优路径，并反馈改进意见，根据拆解结果将设计缺陷信息反馈给设计者，使其在设计初始阶段修改方案，设计出易于拆解的产品和零部件。

我国废旧家电的拆解分类技术尚处于初级或原始阶段：手工作业多于机械作业；拆解分类的目的还停留在简单的材料回收上；对拆解所得零部件的深层次利用，尤其是电阻电容等元器件中有价材料的回收利用技术还不成熟。因此，加强对拆解分类的技术开发和二手元器件再利用的质量标准及法规研究显得尤为重要。

对电子电器废弃物进行拆解是对其进行资源回收再利用的第一步，是为构件回收和后续处理进程的准备，以便接下来的富集与精炼过程。拆解电子废弃物的目的通常有四点：

1）拆除废弃电器电子产品中含有有害物质的元器件或附属设备；

2）拆除废弃电器电子产品中具有一定价值并且仍可继续使用的元器件或附属设备；

3）拆除需采用特殊方法单独处理的设备或元器件；

4）通过拆解回收部分高纯度的材料进行再利用。拆解废物回收利用可以取得一定效益，典型案例见表 2-8。

表 2-8　典型拆解废物回收利用的效益　　　　　　　（单位：%）

效益	百分率	效益	百分率
能量节约率	74	减少水污染	76
原料使用率	90	减少矿业废物	97
减少空气污染	86	减少生活废物	85
降低使用水	40		

资料来源：中国资源综合利用，2011

2.5.1.1　国内拆解和破碎技术现状

目前国内在废旧家电拆解方面还是以家庭小作坊为主。这种模式利用了较多的人力，采取了最原始的拆解手段进行拆解，一般用螺丝刀、切割机等工具，污染程度大，不具备系统拆解规模。

以广东贵屿镇为例，该镇开始涉及旧五金电器的拆解生意已有 10 多年，真正形成规模化拆解也有 3 ~ 4 年的时间。由于获利丰厚，贵屿镇整个行业规模逐步扩大，传统的收旧利废行业真正发展为贵屿镇的主业，80% 的家庭参与到这个行业中迅速积累财富。目前，贵屿镇的电子废弃物回收渠道已经颇为成熟，从全国各地回收到的废弃电器电子产品以及国外直接进口到国内的"电子垃圾"（其中包括日韩、东南亚和欧美等地区）开始大规模进入贵屿镇。

为了节约成本，贵屿镇的家庭作坊往往采用最直接和最原始的方式进行电子废弃物的拆解工作。在给贵屿镇居民带来丰厚利润的同时，电子拆解行业不可避免地导致了环境的严重污染——尤其是对空气、土壤和地下水，贵屿镇的空气已经非常污浊，饱受重离子污染的地下水更是早已不能饮用（中国资源综合利用，2011）。

贵屿镇通常是经过一次拆解后将分好类的不同部件转售给专业家庭作坊，由其进行专业处理（图 2-12）。

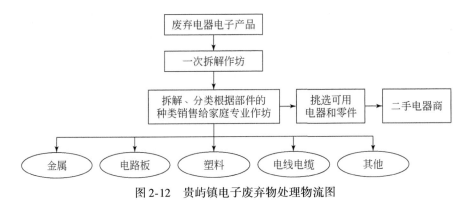

图 2-12 贵屿镇电子废弃物处理物流图

贵屿镇各种专业作坊和工厂也是种类繁多，归纳起来分为以下几种：处理金属的作坊和工厂（包括铝、铁等金属加工厂）；处理电路板的作坊和工厂；处理塑料的作坊和工厂；处理电线电缆的作坊和工厂；其他处理作坊。

贵屿镇电路板的处理有较为系统的处理工艺。以废弃手机为例，先将手机整机拆解成外壳、主板及液晶显示屏三部分，然后拆解掉主板上的元器件，作坊里的工人利用工作台上热风枪送出的热风拆下元器件，分别放入摆在面前的 30 多个小碗中，收集积累然后出售。对于剩下的 PCB（印刷电器板）基板来说，有价值的送至冶炼厂回收铜，无回收价值的采用焚烧的方法销毁（图 2-13），这种焚烧的处理方法给环境带来了巨大的危害，这就是为什么贵屿镇空气中长期弥漫着刺鼻气味的原因所在。

塑料主要来源于电子废弃物的塑料部分，如键盘、塑料线缆、光盘盒、显示器外壳等。诸如键盘、光盘盒之类的部件一般直接进行整体破碎，而塑料线缆往

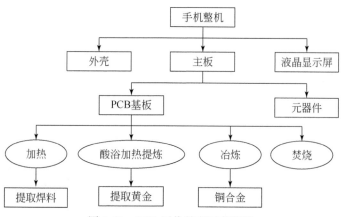

图 2-13　PCB 回收处理工艺流程

往要经过加热熔化，凝固成盘状之后，再切成小片状，最后经过粉碎得到塑料颗粒。之后将粉末状的塑料通过再造（图 2-14）制成低质量的塑料制品——如塑料帘子。整个工艺过程中没有防护措施，产生的有毒有害气体对人体造成很大的危害，同时产生的大量废水严重污染了当地的地下水。

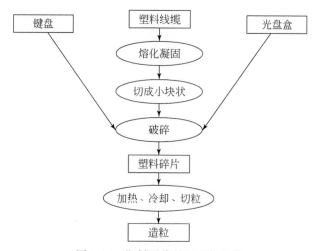

图 2-14　塑料回收处理工艺流程

电线电缆的处理主要是回收其中的铜丝，将抽出的铜丝通过加热拉成不同直径的细丝，再刷上各种颜色的涂料，最后打包出厂。由于处理过程中不会产生废气和废水，所以车间的整体环境相对较好。

金属（铝）处理工厂的原料主要来源于电脑硬盘的外壳与主机箱，将这些元件直接放入熔炼炉铸出锭，此间产生的白烟、渣料、熔渣弥漫整个车间，呛得工作人员睁不开眼，甚至还有很浓的硫化氢的味道。虽然效益相当可观，但却引发了严重的生存环境以及自身健康问题。

所以，目前国内对废弃电器电子产品回收拆解方面，主要呈现的特征为：拆解场地以家庭作坊为主，废弃电器电子产品、零部件随意堆积，加工现场员工未配有相应的保护设备与措施，没有相应的环保设备，二次污染严重；整个拆解流程分工比较合理，资源利用率较高，缺少对废气、废液、废渣的处理工艺，不环保；拆解工具以手工和半自动化机械为主，采用氧气切割、机械剪切，效率较低。

2011 年国家发展和改革委员会、环境保护部、工业和信息化部联合制定的《废旧电气电子产品回收处理管理条例》配套细则《废旧电器电子产品处理目录》经国务院批准正式发布，对电视机、冰箱、空调、洗衣机、微型计算机这 5 类产品规定了回收拆解的标准，结合废旧家电拆解处理投资大、回报期长、经济效益差的现状，国家还建立了相关的处理基金。我国已拟定规范，对拆解方面提出要求，如《再生资源回收利用"十五"规划》。海尔集团与清华大学合作的"废旧家电资源化综合利用成套技术"863 计划也拟制定关于废旧计算机和冰箱的拆解技术规范。今后我国的电子废弃物拆解会更加规范化和规模化。目前TCL、海尔、长虹已经建立了电器拆解中心。海尔与另一家企业合资成立了青岛新天地生态循环科技有限公司废旧家电拆解处理中心，并在青岛等地区成立了社区废旧家电回收站，将回收到的废旧家电全部送入"新天地"拆解。长虹建设了 7 条废旧电子电器再资源化生产线。设立在天津的 TCL 控股奥博环保科技有限公司已成为中国最大的拆解基地。政策将促进家电拆解走向规模化、产业化发展的轨道。

2.5.1.2 国外拆解和破碎技术现状

发达国家在电子产品回收业领域的工作开展较早，回收体系比较成熟。废弃家电回收资源充足，回收技术先进。但是，劳动力资源紧缺，劳动力成本高，所以手工拆解成本较高，因此回收过程常常在初步拆解后，就进入自动化设备进行整体破碎，然后采用风力分选、磁力分选等固体颗粒分离技术分离不同成分的材料。国外许多回收企业，使用的是全自动生产线，为了达到"3R"（reuse、recycle、recovery）和"零排放"的标准，回收的成本非常高。

目前国外电子废弃物常用的破碎方法有两种：一种是整体破碎，这种方法多用于家用电器等大型产品。此方法的优点是效率高，缺点是二次利用的零部件会被完全破坏。另一种是产品零部件破碎，此方法的优点是可以完好地将二次利用的部件进行回收，缺点是处理效率低。

由于废弃电器电子产品的种类不同、生产厂家不同、设备型号不同等，拆解的自动化仍是技术难点。Gungor 和 Gupra 提出拆解领域的研究重点是拆解过程设计和拆解工具的创新。国外一些回收厂家采用了自动化或半自动化拆解，以下将逐一介绍。

（1）德国

德国废弃家电整体破碎式回收工艺流程如图 2-15 所示（中国资源综合利用，2011）。此回收工艺注重对制冷剂和机油的预先收集，在分选时设有净化装置，这些措施都避免了二次污染的发生。

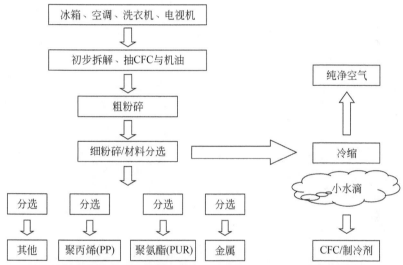

图 2-15　德国废弃家电整体破碎式回收工艺流程（中国资源综合利用，2011）

（2）日本

日本在破碎前会进行最大程度的人工拆解（中国资源综合利用，2011），具有合理性和借鉴意义。日本的 NEC 公司（日本电气股份有限公司）已经开发了一套自动拆解废电路板电子元器件的装置。这种装置主要利用红外加热和两级去除元器件的方法（利用垂直和水平方向的冲击力作用）将电路板上的通孔元器件和表面元器件拆解下来，对元器件没有任何损伤。在加热和冲击力的作用下，再加上一种表面剥蚀的方法，还可以将电路板上 96%（质量）的焊料去除，作为精炼铅和锡的原料。破碎工艺采用破碎和细粉碎，分别使用剪切破碎机和特制的具有剪断和冲击作用的磨碎机，经过两级破碎之后，将废旧 PCB 粉碎成直径小于 1mm 的颗粒（中国资源综合利用，2011）。特制的磨碎机中使用复合研磨转子，并选用特种陶瓷作为研磨材料。

三菱电机的东瀛废品再生利用中心使用的是一种高效再循环技术系统（中国资源综合利用，2011），将手工拆卸完毕后的剩余物，投入冲击破碎机，破碎金属通过磁力分选机将铁块分4种尺寸筛选出来，用比重分选机、涡电流分选机等分选不同材质的物品，收集铜、铁、塑料、铝、弱磁性物和尘屑等。此外，将塑料混合物粉碎成小颗粒，再用比重分选和静电分选法选出金属和聚氯乙烯，最后将塑料用作高炉还原剂，金属用作铜原料。

日本采取了高效的机械及自动化系统，对废弃电器电子产品进行最大程度的拆解、破碎，这十分有利于废料的后期处理，而且使得废料得到了高效、充分的利用。

（3）瑞士

瑞士大多数的回收工厂利用手工拆解，在拆解过程中使用了多种拆解工具来拆除有害组件，并对可以重新使用和有价值的组件、物质进行回收，从而增加了零部件的利用率。

（4）奥地利

Bernd Kopacek 和 Peter Kopacek 开发了一套智能拆解系统。该系统包括手工设备和机器人设备、元件控制单元、传送系统、进料系统、固定系统、视频识别系统、存储系统、传感器、自动抓具、自动拆解装置、手工拆解台等。这种自动拆解系统主要应用于电脑主机等设备的自动拆解。例如，日本索尼公司生产的微型磁盘就利用此装置进行拆解。该拆解单元大致分为三个阶段：①分析阶段，分析哪种零件最便于回收；②决定阶段，决定用人工还是自动化拆解；③选择阶段，选择出最简易、最方便操作的部件。Knoth 和 Kopacek 等研究了废印刷电路板的半自动拆解。首先手工拆解印刷电路板上的电子设备，然后把印刷电路板固定在框架上并进入拆解单元。带有图像处理程序的识别系统能识别出重复利用部分和有毒有害部分。被识别系统确认为有用和有害的部分通过激光去焊或自动钣钳拆解下来。激光去焊比起传统技术有很多优点：①可有效控制温度；②在拆解不同形状和位置的电子部件时更加灵活；③由于此技术具有导热快的特征，因此能够有效地缩短操作时间；④激光束能够集中在焊点上，因此不用大面积地加热整个印刷电路板。

（5）荷兰

荷兰通过研究产品的回收和拆解策略，开发了可处理60万台冰箱的回收系统和拆解流水线（中国资源综合利用，2011）。

荷兰在废弃电器电子产品拆解场地配有以下设备：①溢出回收设备；②倾注洗涤器和清洗装备等环保设备；③适用于拆下备用件的存放点，包括用于存放沾有油污的备用件的不渗漏存放点，用于存放电池、过滤器等电容器的存放点；④适用于隔离存放各种液体的容器，包括发动机油、传动机构机油、冷却液、空调系统中的液体及其他液体；⑤符合卫生和环境规定的水处理设备。

在废弃电器电子产品拆解方面主要呈现的特点为：设备齐全、分放处理、环保、安全；整个拆解流程安全，废弃、废液、废渣得到较好处理；拆解工具以大型自动化机械为主，包括门式剪断机、大型自动化机械破碎机等，拆解效率高，但资源利用率低。

2.5.1.3 国内外拆解技术对比

比较国内外对废弃电器电子产品的开发应用，整个流程大致步骤一样，如图2-16所示。

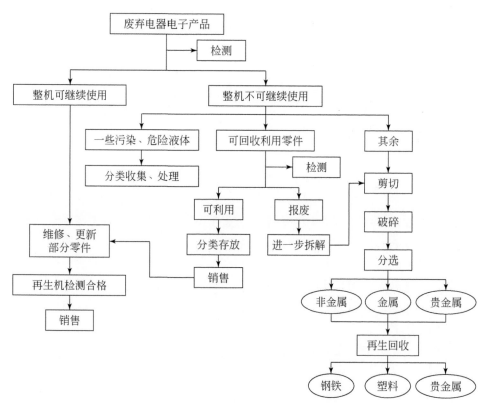

图 2-16　废弃电器电子产品开发应用流程

为了最大限度地使用资源，在回收过程中，应关注到一些旧的电器电子产品，可以通过维修和翻新成为二手产品，重新流入市场，或者输入经济科技发展较落后的小城市或农村，这样既可以避免资源的浪费和环境的污染，同时也可以使低收入群体以较低的成本获得电器电子产品，改善和提高生活质量。

对不能整机回收使用的电器电子产品进行拆解、回收利用，具体步骤如下：

第一步，先做防污处理，拆出电池、发动机油、传动机构机油、冷却液、空调系统中的液体等分别储存处理；

第二步，拆除发动机、电机等可回收利用的零件，再对这些零件进行检测，合格的进行再加工销售，报废的则进一步拆解；

第三步，剩余部分直接进行挤压、破碎，分选；

第四步，对分选出的各种不同材料（非金属、金属、贵金属），分别采取不同的方式进行回收利用或填埋。

国外的开发应用整个流程体系比较完善，形成了连续的产业链，能够对材料进行高效、及时的处理；而国内在这方面还有待改进、完善。

a. 拆解工具

国内：拆解大部分采用人工手动拆解，就业人员多，切割采用氧气切割、机械剪切。

国外：拆解采用自动化设备，破碎工序采用大型机械自动化破碎机加工，设施、设备先进。

b. 拆解场地

国外拆解场地比较规范，设施比较全，环境比较好，具有保护设施和环保设施。而国内的大部分拆解场地不规范，相对杂乱，没有相应的保护设施和环保设施。

国外从业人员少，自动化程度高，资源利用率低，拆解的效率高，环保程度高；国内就业人员多、废弃物少、资源利用率高；生产效率低、零部件利用率低、因企业造成的废气污染严重，达不到清洁生产而造成二次污染。

我国的废弃家电回收处理技术工艺是以最大限度地进行手工拆解细分材料和最大限度地对元器件进行再使用为原则，对不易拆解部件进行专业集中回收处理。我们可以看到，不论是国家示范试点企业，还是多年形成的废弃电器电子产品集散地，手工拆解仍是其主要拆解手段。而在市场需求的导向下，无损拆解技术孕育而生，并广泛应用。随着我国废弃电器电子产品回收处理管理制度和专项处理补贴制度的完善和落实，对废弃家电环保技术的需求将加速我国废弃家电回收处理技术的产业化进程。在废弃家电回收处理技术领域，没有最先进的技术，只有最适用的技术。

2.5.1.4　制冷剂、发泡剂的回收技术现状

（1）制冷剂

制冷剂的销毁技术包括：①送入专门机构销毁，在液态喷注式焚化炉内焚烧。该技术通用于低灰分含量的废弃物，并可用于任何可燃性液体、蒸汽或泵抽的污泥。此技术已商业化，破坏处理率达99.99%以上，但实际用来销毁 CFC 的经验不多。②反应炉裂解法，这是德国 Hoechst 公司的专利，使用一个水冷却的石墨制圆柱形反应炉以及一个氧氢燃烧器系统，其反应室边缘直接接上吸收器，破坏处理率可达99.99%以上。

制冷剂的销毁方法包括：①气体/烟气氧化法，使用耐火内衬的燃烧室将 VOC（挥发性有机化合物）等废弃物蒸汽预热破坏，这种方法国外已使用，但无法判定对破坏大气臭氧层物质（ODS）的处理率可否达99.99%。②旋转窑式焚化炉，炉体为一水平略倾斜的钢制圆柱形炉体，并利用旋转使废弃物混合，添加1%的 CFC，破坏处理率可达99.99%以上。③等离子体法，分为高频等离子式、电弧放电等离子式、微离子式，其缺点为高温分解需要损耗大量的能源。

我国自主研发的技术主要有：信息产业部十二所研发的 ZJH 型、ZHJ 型制冷剂回收机。上海第二军医大学制冷技术中心和香港建力有限公司合资组成的上海阳光通用机械有限公司，成功研制开发了国内首创 FH-II 型便携式制冷剂回收净化装置。

氟利昂（Freon）CFCs 是目前广泛应用的制冷剂，它是一种易挥发性液体，且废弃或处理不当会对大气层造成严重破坏。因此，对于氟利昂应当采取专业设备进行回收。用抽吸装置将氟利昂从油中抽出来，经过特殊的汽化或雾化后，将氟利昂从油中分离出来装入钢瓶中。用液态喷注式焚化炉进行焚烧销毁的方法，目前采用的不多，但经验结果表明其处理率高达99.99%。德国 Hoechst 公司研发的反应炉裂解法能将氟利昂裂解成 HF、H_2O、HCl、CO_2 及 Cl_2，其处理率也高达99.99%。日本某废旧家电再利用工厂采用半自动装置，将制冷剂和冷冻油一起回收，对制冷剂的每个品种分别回收。在压缩机圆筒的最下点，打开回收装置的回收喷嘴，将制冷剂和冷冻油一道吸出压缩机，最后对冷冻油加热搅拌，将制冷剂分离回收。国内外已有一些制冷剂的回收设备，如美国 Robinair 公司和 Refco 公司的回收机。

（2）发泡剂

冰箱发泡剂也是对臭氧层有破坏的温室气体。但是与冰箱制冷剂不同的是，发泡剂位于冰箱箱体隔热保温层聚氨酯的微孔中。这些微孔非常小，要破坏这些

微孔，必须将聚氨酯磨碎到微米级，才能使发泡剂逸出，然后进行收集。

a. 箱体密闭破碎分选技术

德国有较高的冰箱发泡剂回收标准，为了使发泡剂不泄漏，整个箱体的破碎、分选工艺都是在密闭负压环境中进行的。此外，随着 CFC 发泡剂的替代品环戊烷废弃冰箱越来越多，在发泡剂回收处理过程中，还要考虑环戊烷发泡剂的易燃易爆特性。因此，整个废弃冰箱发泡剂回收处理线的成本非常高。

b. 高速切割、压延，直接回收高浓度发泡剂技术

日本家电企业在德国冰箱回收处理技术工艺的基础上不断创新，开发出有特色的冰箱发泡剂回收处理工艺技术路线。此种技术路线包括高速自动切断拆解系统和冰箱隔热材料氟利昂回收系统两部分，是由日本松下公司研发的。其中，高速自动切断拆解系统通过高速切断拆解，提高了树脂、玻璃的分选精度，并且提高了零件再使用率和材料再生利用率。

c. 切割、分离和破碎分选技术

美国加利福尼亚州是美国最注重环境保护的州之一，其冰箱发泡剂的回收处理技术工艺简单、适用具有代表性。用电锯把冰箱箱体锯成三块，手工撕掉 ABS（丙烯腈-丁二烯-苯乙烯）内胆和外壳钢板，分离出隔热材料聚氨酯，在专用设备中将其粉碎，经过加压、降温、冷却液化逸出 R11，液态 R11 经过气液过滤器过滤，装入储罐中。

由于发达国家和地区对冰箱发泡剂的回收标准不同，所采用的工艺技术也不同。随着对废弃家电回收处理法规标准的日益严格，冰箱发泡剂回收处理技术也在不断创新和改进。

我国报废冰箱发泡剂主要分两种：R11 和环戊烷。2005 年，中国家用电器研究院在科学技术部项目的支持下，研发了冰箱箱体钢板切割技术，该技术可以成功地将箱体钢板与聚氨酯分离。2007 年，徐州国贸稀贵金属综合利用研究所在江苏省科研院所技术开发专项资金的支持下，在冰箱钢板切割的基础上，研发了利用冰箱聚氨酯制作再生聚氨酯保温板的技术。但是由于再生聚氨酯保温板材与市场上其他保温板材相比没有价格优势，因此市场推广很难。另外，该技术没有从根本上解决发泡剂的回收问题。2007 年，北京京卫快车环保公司在借鉴美国冰箱回收处理技术的基础上研制了开放式四辊冰箱箱体破碎单机，并在北京海淀区电子废物回收处理示范项目中使用。2009 年，湖南万容科技股份有限公司研制出以处理能力为 2.5 万~10 万台/年的封闭式粉碎分离系统为关键技术的冰箱回收处理线。

虽然我国大专院校、科研机构和企业都在对适用于中国的冰箱发泡剂回收利用技术进行探索，但是由于冰箱回收利用后实际回收的材料经济性不高，因此难以在市场推广。到目前为止，我国尚无成套的冰箱发泡剂回收处理生产线。

2.5.1.5　电池的回收技术现状

手机电池和笔记本电脑电池分为三种：镍镉电池、镍氢电池和锂电池，其中锂电池所占比例最高。锂离子电池中各部件质量、体积见表2-9，其中含锂、钴、镍、锰等有价金属，见表2-10。镍溶解于血液，会参加体内循环，损害中枢神经，引起血管变异；锰会引起神经性功能障碍，综合性功能紊乱，较重者出现精神症状；钴会引起红细胞增多症，甲状腺肿、心肌炎及胰腺、神经系统损害。

表 2-9　锂离子电池材料组成　　　　（单位:%）

部件名称	质量	体积
正极材料	46	25
负极材料	18	22
电解液	15	32
隔膜	2	5
集液体	11	6
电极添加剂	8	10

资料来源：中国资源综合利用，2011

表 2-10　手机电池材料组成

元素名称	钴	铜	铝	铁	锂
含量/%	15	14	4.7	25	0.1

资料来源：中国资源综合利用，2011

如表2-11所示为锂电池内主要矿产元素。我国是锂离子电池最大的生产、消费和出口国，2005年国内的锂离子电池产量就超过7.5亿只，对钴酸锂的需求量也超过了10 000t。而我国是钴资源极为缺乏的国家，需长期从刚果、南非和摩洛哥等非洲国家进口。据中国海关统计，1992~1999年进口量约5000t/a，由于锂离子电池产业的兴起，1999~2000年中国进口的钴精矿数量增值约40 000t/a，2004年攀升至约100 000t/a。钴的稀缺，成了锂离子电池回收的最大动力。

表 2-11　主要矿产元素组成　　　　（单位:%）

名称	钴	铜	镍	铁
铜钴硫化矿	3.7	6.0	—	33
含钴黄铁矿	0.39	0.38	0.22	41.6

资料来源：夏志东等，2007

若把电池看作原矿石，则可以看出各金属材料的含量。以常见的重约 40g 的手机电池为例，钴含量在 15% 左右，约重 6g。而我国的天然矿石则远小于此，其他金属亦如此。按每年报废 1 亿只计算，其中可回收的钴就有约 600t，价值 2 亿元左右。失效锂离子电池作为冶炼原料不需要勘探和采矿，可以有效地降低成本，延长矿山服务年限，减少开采带来的环境污染，又可以作为副产品回收锂、镍、锰等金属，一举多得。

日本学者金村圣志提出对锂离子电池进行回收处理的方法：回收废电池后，进行放电处理，剥离外壳，回收外壳金属材料；将电芯与焦炭、石灰石混合，投入焙烧炉中还原焙烧；有机物燃烧分解为二氧化碳及其他气体，钴酸锂被还原为金属钴和氧化锂，氟和磷被沉渣固定，铝被氧化为炉渣，大部分氧化锂以蒸汽形式逸出后，将其用水吸收，金属铜、钴等形成含碳合金；锂离子电池经如上处理后形成的合金中将含有铜、钴、镍等金属。对此合金进一步处理，可分离提取出价格较高的钴盐、镍盐。

刘云建等探索了一种从不合格锂离子蓄电池中直接回收钴酸锂的方法。首先将一定量的铝钴膜放入 N，N-二甲基乙酰胺（DMAC）中浸泡数小时之后，取出铝片，将活性物质和溶剂静置数小时之后过滤。过滤后的样品在 120℃ 烘干，除去溶剂 N，N-二甲基乙酰胺（DMAC）。接着取出研磨，将样品在 450℃ 加热 2h，再在 600℃ 下加热 5 h，以除去正极活性物质中的 PVDF（聚偏氟乙烯）和碳粉等杂质。最后将热处理样品用热水洗涤数遍，将 $LiCoO_2$ 样品烘干，得到产物，此方法简便易行，制得 $LiCoO_2$ 的形貌大致合乎要求，但是其性能并没有进行测试，还有待进一步考察。

目前世界上主要有三家电池回收工厂，法国一家电池回收处理厂 SNAM 处理锂离子电池的主要工艺是首先将充电器和其他附件压成颗粒状后，将含铜的部分和塑料部分分开，含铜的部分将被送到瑞典进行再生处理。颗粒状的塑料部分将被重新用于工业生产，如制造交通管理系统中的塑料路障、赛马场的全天候跑道、塑料桶和接线柱等。

2.5.2　废弃电器电子产品的金属与非金属材料分选技术现状

废弃电器电子产品结构复杂，成分多样，所用材料少则几十种，多则上百种，是一座待开采的"城市矿山"，如表 2-12 所示，其涵盖的材料可初步简单地分为金属与非金属两大类。其中，金属材料又可分为黑色金属及有色金属、贵金属及轻金属和重金属。常见的非金属材料则主要包括塑料、玻璃、树脂、纤维、橡胶、氧化硅等。在实际的电子产品中，为达到某种特定功能，金属与非金属材料常常通过各种连接手段混合在一起。废弃电器电子产品的回收就是要实现单体的分离，从中得到高纯产品。因此，回收流程中材料的分选技术就显得尤为关键。

表 2-12　废弃家电的材料组成及所占比重 （单位:%）

材料	电视机	冰箱	洗衣机	空调	所有电子电气设备
钢铁	10	50	53	55	38
铜	3	4	4	17	28（有色金属估计）
铝	2	3	3	7	—
塑料	23	40	36	11	19
玻璃	57	—	—	—	4
其他	5	3	4	10	11

资料来源：中国资源综合利用，2011

目前常见的分选技术主要包括物理分选、湿法冶金（包括生物浸出）及火法冶金。它们都是利用不同材料间物理化学特性的差异来达到最终分选目的的有效方法。

2.5.2.1　物理分选技术现状

物理分选技术是一种依靠材料的密度、形状、导电性等物理性质达到分选效果的技术手段。它具有二次污染小、发展潜力大等许多优点。现行的传统物理分选技术得到的产品普遍存在纯度不高的问题，主要用于初步粗选。然而只要充分利用好各物质的性质差异，并借鉴矿物加工微细粒分选技术的成果，分选高纯材料也是指日可待的（中国资源综合利用，2011）。

（1）筛选分离

碎散物料通过一层或数层筛面被分成不同粒级的过程称为筛选分离。它是最常用的分选工艺之一，用于制备统一粒径范围的物料。破碎后的电子废料富含各种金属与非金属材料，其中以树脂、塑料、陶瓷为主的非金属材料属于脆性材料，在一定的破碎强度下变成粉末状颗粒。而金属材料韧性较大，破碎后多呈球状，其粒径远大于非金属材料。因此，不同粒度中金属与非金属的分布就明显不同。使用这一特点配合不同筛孔尺寸的振动筛（图 2-17），可实现金属与非金属

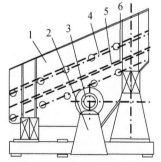

图 2-17　一般振动筛结构图
（大矢仁史和董晓辉，2001）
1-筛箱；2-筛架；3-激振器；4-上层筛板；5-下层筛机；6-偏心轴压紧器

的初步分离。

筛分技术的缺陷在于分选精度较低，金属与非金属分离不彻底。加之目前还没有生产专门用于废弃电器电子产品处理的振动筛，这一技术还有待改进或与其他分选技术结合使用（大矢仁史和董晓辉，2001）。

（2）形状分选

形状分选是利用筛分动力学和颗粒滚动性与滑动性的差异进行分选，主要关注颗粒的形状差异及摩擦系数、滚动特性、通过筛孔的速度、黏着力等特性值。根据颗粒的这些特性对形状分选进行分类，得到如表2-13所示的形状分选设备。为提高分选精度及效率，需要根据分选材料特性选择合适的分选设备，并通过调整工艺参数达到最佳效果。

表2-13　形状分选分类

		螺旋形状分选机
	无运动部件类	斜管式形状分选机
倾斜或旋转类	有运动部件类	倾斜旋转盘式形状分选机
		旋转锥形状分选机
		带刮板的倾斜旋转圆筒形状分选机
		倾斜振动板式形状分选机
		水平圆运动板式形状分选机
		倾斜运输机式形状分选机
根据通过的速度差类		筛分形状分选机
		振动筛分形状分选机
		旋转圆筒筛分形状分选机
其他类		黏着形状分选机
		吸入形状分选机
		阻力形状分选机

资料来源：中国资源综合利用，2011

日本的古屋仲等使用倾斜振动板式形状分选机，充分利用选矿方法从废印刷电路板中回收金属铜。废印刷电路板通常由强化树脂基板中的玻璃纤维绝缘板及绝缘板双面所镀铜膜组成，在锤式粉碎机中进行碎解时，金属与非金属材料的延展性差异使得破碎后的颗粒形状不同。具体表现为：金属铜呈球状，玻璃呈针状，树脂呈不规则状。利用它们的形状差异就可以对其进行形状分选，从图2-18中可以看出，所得的铜产品品位为91％，铜回收率为98％。

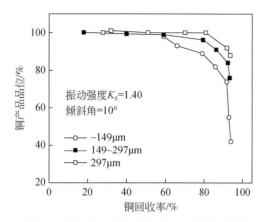

图 2-18　从废印刷电路板中回收铜（中国资源综合利用，2011）

（3）密度分选

密度分选又称重选，它是根据颗粒间密度差异而导致其在运动介质中所受的重力、流体动力和其他机械力的不同，来实现按密度分选颗粒的过程。由于颗粒在流质中的运动不仅与重力有关，还会受颗粒尺寸影响，且大尺寸颗粒更易受影响。因此，在实践中需要对颗粒的进料尺寸进行窄级别控制，使颗粒的相关运动主要取决于重力因素。

表 2-14 中列举了一些废弃电器电子产品中常见的物质的密度。由表 2-14 可知，不仅金属与非金属密度差异极大，而且金属与金属间也存在较大的密度差，这为它们在重力作用下彼此分离提供了依据，证明密度分选法是可行的。日本在废弃电器电子产品资源化研究中处于领先地位，其中某废印刷电路板处理厂在密度分选阶段，铜的回收率就高达 94%。常用的密度分选设备很多，用于废弃电器电子材料分选的主要有气流分选、摇床分选、跳汰分选、磁选等。

表 2-14　废弃电器电子产品中一些物质的密度

物质类别	物质	密度范围/（g/cm³）
金属	金、铂、钨	19.3 ~ 21.4
	铅、银、钼	10.2 ~ 11.3
	镁、铝、钛	1.7 ~ 4.5
	其他	6 ~ 9

续表

物质类别	物质	密度范围/(g/cm³)
塑料	低密度聚乙烯	0.9~1.0
	高密度聚乙烯	
	丙烯腈-丁二烯-聚乙烯	1.0~1.1
	聚氯乙烯	1.1~1.5

资料来源：大矢仁史和董晓辉，2001

a. 气流分选

气流分选是利用颗粒在气流中沉降的速度差或运动轨迹的不同而进行分离的过程，其装置示意图如图 2-19 所示。以印刷电路板为例，其破碎产物中铜、铅、锡等主要金属的密度（7.0~11.0g/cm²）远大于树脂和玻璃纤维等非金属的密度（1.4~2.5g/cm²）。因此在垂直上升气流的作用下，金属与非金属颗粒的沉降速度存在较大差异，容易实现富集分离（王海锋等，2008）。

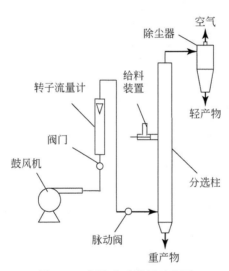

图 2-19　气流分选装置示意图

将颗粒控制在合适的粒级内可以有效减轻物料过粗或过碎的现象，得到合适气流分选的物料。此外，有研究表明阻尼式脉动气流分选装置与传统气流分选装置相比，具有更高的分选效率及更宽的分选范围，更适用于实际工业生产中。

b. 摇床分选

摇床分选是在一个倾斜宽阔的床面上，借助床面的不对称往复运动和薄层斜面气流（水流）的作用，对颗粒进行分选的一种设备。以气流摇床为例，颗粒进入振动筛面上时，受到振动筛自下方向上吹的风力的作用。不同密度的颗粒混合物在气流的作用下在筛板上分层，在气流条件适宜的情况下，比重大的颗粒贴在筛网上，而轻颗粒浮在气层上，中颗粒处于重质和轻质之间。

如图 2-20 所示，筛板纵向振动，轻颗粒浮于上方不与筛网接触，因此会受重力作用沿筛子倾角横向下滑。中颗粒有一定机会与筛网接触，但其滑动速率比完全与筛网接触的重颗粒要快得多。各种颗粒按不同滑动速率分别滑入下料槽中，从而达到分选的目的（兰兴华，2009）。水流摇床与气流摇床原理相同，不同的是介质流为水而非空气，因此需额外注意废水的处理和回用问题。

我国台湾的一些企业利用水流摇床与浮选相结合的方法从废印刷电路板或废板边料中回收金属。首先将废弃的电路板机械粉碎到粒度 0.25mm 左右，使金属与非金属解离，粉碎后的物料按照粒度不同分别采用水流摇床和浮选机分离富集金属相与非金属相，再将富集金属分别以焙烧法、浸出法、磁选法等一系列后续物理分选技术提取出来。

c. 跳汰分选

跳汰分选是密度分选法中最古老的方法，其工作原理基于重力选矿，利用材料间的比重差进行分选。轻重不同的破碎颗粒在垂直上升的变速介质流（水或空气）中的沉降速度不同，比重大的颗粒沉降速度快，分布在跳汰机（图 2-21）选槽的下部；反之，比重小的颗粒沉降速度慢，分布在跳汰机选槽的上部。最终通过特殊的堰板将轻重不同的颗粒分别排出，实现材料的分选。

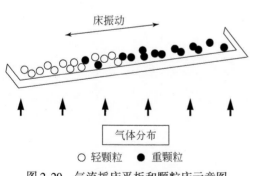

图 2-20　气流摇床平板和颗粒床示意图
（兰兴华，2009）

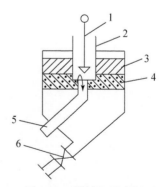

图 2-21　跳汰机示意图
（孙云丽等，2007）

1-锥形阀；2-外套筒；3-轻颗粒层；4-重颗粒层；
5-筛上精料导管（被套筒）；6-筛下精料阀门

跳汰分选的优点在于其工艺流程简单，设备操作维修方便，处理能力大。与气流分选相同，窄级别颗粒同样会使跳汰分选取得较好的分离效果。但跳汰分选在处理复杂废物颗粒方面仍存在一定困难，特别是在处理金属丝质物料方面。

d. 磁选

磁选是在不均匀磁场中利用矿物之间的磁性差异使不同矿物实现分离的一种分选方法，因其简单而有效的特点而广泛应用于金属矿物的选别及除杂。在废弃电器电子产品中，废印刷电路板的粉碎品通常含有大量的金属铁及铁镍合金等铁磁性材料，因而也可以通过磁选方法进行有效回收（孙云丽等，2007）。

常用的磁选设备包括低强度鼓筒磁选机、高强度磁选机和磁流体分选机等，图 2-22 为一般筒式磁选设备示意图。物料由给料斗给入磁选机，进入设备的颗粒物在磁力和竞争力（包括重力、离心力、流体阻力）的共同作用下沿着不同的路径运动。对不同运动行为的颗粒分别截取就可得到不同的产品。

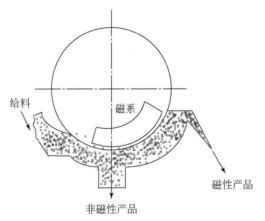

图 2-22　筒式磁选设备示意图（孙云丽等，2007）

德国戴姆勒·奔驰乌尔姆研究中心（Daimler-Benz Ulm Research Centre）在破碎阶段用旋转切刀将废板切成 2cm×2cm 的碎块，磁选后再用液氮冷却，而后送入锤磨机碾压成细小颗粒，以达到更好的解离效果。美国矿业局也在尝试使用磁选法从废弃军事电子设备的破碎产品中回收贵金属。

e. 电选

电选是利用各种物料电性质不同而进行分选的一种方法，是以带不同电荷的矿物和物料在外电场的作用下发生分离为理论基础的，其常见设备如图 2-23 所示。电选技术在工业上的应用始于 1908 年，并于 20 世纪 50 年代末期开始广泛应用于弱磁性铁矿的分选。现在电选已用于废弃电器电子产品回收处理，并在国外有了工业化的实际应用。

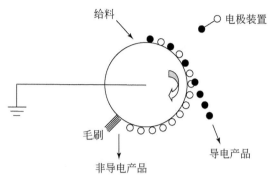

图 2-23　高压电选机示意图（周益辉等，2011）

表 2-15 和表 2-16 分别列举了一些废弃电器电子产品中常见材料的电导率及体积电阻系数（王海锋等，2008）。从数据中可以看出，金属和塑料间的电导率差别较大，塑料和塑料间的体积电阻系数也有所不同，因此可以实现金属与塑料及塑料之间的分选。

表 2-15　废弃电器电子产品中某些材料的电导率　　　　（单位：10^6S/m）

材料	电导率	材料	电导率
金	41.0	银	68.0
镍	12.5	铜	59.0
锡	8.8	锌	17.4
玻璃纤维强化树脂	0	铅	5.0
铝	35.0		

资料来源：兰兴华，2009

表 2-16　废弃电器电子产品中某些材料的体积电阻系数　　　（单位：Ω·m）

塑料	体积电阻系数	塑料	体积电阻系数
聚氯乙烯（PVC）	1.16~1.38	聚丙烯（PP）	0.90
聚乙烯（PE）	0.91~0.96	尼龙和聚酰胺（PA）	1.14
丙烯腈-丁二烯-苯乙烯（ABS）	1.04	聚对苯二甲酸乙二醇酯（PET）和聚对苯二甲酸丁二醇酯（PBT）	1.31~1.39
		聚碳酸酯（PC）	1.22
聚苯乙烯（PS）	1.04	人造橡胶	0.85~1.25

资料来源：Krowinkel and Dalmjn，2000

物料在电选机中的分选过程与其固有的电导率、摩擦带电性质和介电性质有关。破碎后的废料按照导电性可分为三种：金属（导体）、非金属（非导体）、金属与非金属的混合物。它们在电场中的受力方式、受力大小不尽相同，因而会产生不同的运动轨迹，从而实现最终的分离（Krowinkel and Dalmjn，2000）。

罗马尼亚的克卢日纳波卡（Cluj Napoca）技术大学的高强度电场实验室进行从细粒物料中用静电分选出铜的研究，研究成果能应用于矿物分选和回收工厂等很多领域。该技术首先控制物料粒度的均匀性，通过使用大直径的滚筒来增加入料速度，采用矩阵型的多针电极增强滚筒对非导体的吸附效果。使用该技术进行分选，铜的回收率可达95%，品位可达90%。德国 Daimler-Benz Ulm Research Centre 也在电选分选电子废料方面不断探索，以前的工艺在分离小于 1mm 的细粒时一般就已达到极限，而新研制的电选设备可以分离尺寸小于 0.1mm 的颗粒，甚至可以从粉尘中回收贵重金属，提高了经济效益。

f. 涡电流分选

涡电流分选技术实际上是从磁选技术和电选技术中发展来的，主要利用物质电导率差异对材料进行分选。其分选原理基于电磁感应定律和毕奥-萨戈尔定律。涡电流分选机中的旋转永磁体产生一个交变磁场，当具有导电性能的金属通过磁场时，将在金属内产生涡电流。涡电流本身也会产生交变磁场，并与旋转磁体产生的磁场方向相反，即对金属产生排斥力（洛伦兹力），使金属从物料中分离出来，达到分选的目的，如图 2-24 所示（Krowinkel and Dalmjn，2000）。

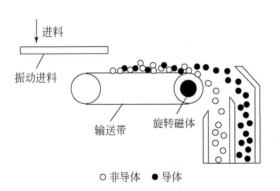

图 2-24 涡电流分选示意图（Krowinkel and Dalmjn，2000）

用于废弃电器电子产品回收处理的涡电流分选技术通常与磁选及电选工艺结合使用。该技术在发达国家主要用于废弃汽车的处理，以回收其中的废钢铁。Krowinkel 和 Dalmjn 采用涡电流分选技术分选废弃电视破碎产品，可获得含 76% 的铝、16% 的其他有色金属及少量玻璃、塑料的金属富集体，其中铝回收率可达 89%（Krowinkel and Dalmjn，2000）。

2.5.2.2 湿法冶金技术

湿法冶金已有 300 多年历史,早在 1670 年西班牙就提出用废铁置换沉淀法从矿物浸出液中回收铜。湿法冶金是将矿石、经选矿富集的精矿或其他原料与水溶液或其他液体相接触,通过溶解或化学反应等作用,使所含的有用金属转入液相,再对液相中所含的各种有用金属进行分离富集,最后以金属或其他化合物的形式加以回收的方法,主要过程为浸出、溶液处理及金属的提取和精炼。

具体应用到废弃电器电子产品的回收中,湿法冶金主要是将破碎后的废料颗粒置于水溶液介质中,通过化学或物理化学作用来提取有价金属,特别是废印刷电路板中的贵金属。采用湿法冶金技术回收废弃电器电子产品中的金属时,需要经过拆解、挑选、粉碎等工艺。因此,湿法冶金技术可以作为物理分选技术的后续工艺。

湿法冶金常常伴有含强酸和有剧毒物质的废液产生,对环境危害较大,无害化成本较高。加之部分金属的浸出率低,特别是金属被覆盖或敷有焊锡时,包裹在陶瓷中的贵金属更是难以浸出,因此在技术方面还需进一步改善。

(1) 浸出

湿法冶金过程中为了提取和制得纯金属,往往进行的第一个步骤就是浸出。浸出过程即固相中某种成分溶解进入液相的过程,是一个固液两相反应的过程。固相中的金属成分可以以单质、氧化物、硫化物或其他盐的形式存在,液相的化学溶剂可为水、盐水溶液、酸或碱。不同的金属在不同溶剂中的溶解度也不同,因此,为了金属的浸出率高,杂质溶解少,就需要针对金属性质选择合适的化学溶剂。

在废弃电器电子产品的回收中,最常用的浸出溶剂为各种酸液及王水。通常采用酸洗法从废印刷电路板中提取贵金属,其处理流程如图 2-25 所示。此外,还采用弱氧化剂(如废铁)来实现对金属元素(如铜)的提取,其化学方程式如下:

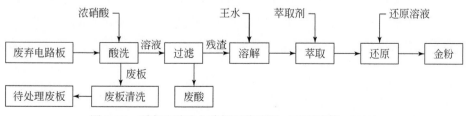

图 2-25　剥离法酸洗电路板回收流程(王海峰等,2008)

$$Cu+Cu^{2+} \longrightarrow 2Cu^+$$
$$2Cu^+ + 1/2O_2 + 2H^+ \longrightarrow 2Cu^{2+} + H_2O$$
$$Fe + Cu^{2+} \longrightarrow Cu + Fe^{2+}$$

前西德中央固体物理与材料研究所的 Gloe 等在 20 世纪 90 年代初研究推出的硝酸–盐酸/氯气联合浸出技术引人注目，并被不断完善且应用至今。日本东京资源公司使用浸出技术回收废弃镍镉电池的有价材料，方法是将剥离被覆层后的废电池破碎并和泥渣一并用硫酸浸出，以去除铁等杂质。然后在含镍、镉的溶液中吹入硫化氢，形成硫化镉而分离；镍不溶于酸液中，可加入碳酸钠使之转化成碳酸镍作为成品出售。

（2）电解法

电解法又称电解提取或电解沉积，是向金属盐的水溶液或悬浮液中通入直流电而使其中的某些金属沉积在阴极的过程。电解提取不需要大量试剂，对环境污染小，但需要消耗大量电能。图 2-26 是电解法回收电路板中金属富集体的流程，即将废弃电路板磨碎，采用酸溶液过滤后，在电解槽中提取各种金属。

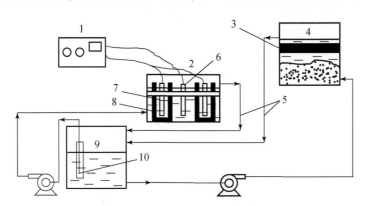

图 2-26　电解法回收电路板中金属的设备示意图（马荣骏，1979）
1–电源；2–电解槽；3–滤器；4–溶解槽；5–自重供给管；6–阳极；
7–阴极；8–滤器；9–给料塔；10–滤器

工业上一般采用全湿法工艺回收废铅酸蓄电池中的铅，其工艺路线是：分离—浸出—电解。该法具有投入少、成本低、环境污染小、回收纯度高等优点。陈伟平等采用碱式湿法工艺回收废铅酸蓄电池浆料中的铅，使用 NaOH 作为脱硫剂，$FeSO_4$–H_2SO_4 作为还原剂，NaOH–$KNaC_4H_4O_6$ 作为电解液电解铅。在实验条件下可得到 99.99% 以上纯度的铅粉，直接回收率大于 95%，总回收率大于 98%。

(3) 有机溶剂萃取法

萃取是两种不互溶的溶剂之间的物质分配过程，并以这种分配为基础的相应提取和分选物质的方法，对所有金属都适用，且成本较低，萃取过程如图 2-27 所示。它能分选复杂的多组分的混合物，且在许多情况下比其他方法更迅速、有效。目前，有机溶剂萃取已广泛用于下列领域：从浸出液回收金属；分选两种或两种以上性质相近的金属；提取浸出液的精华，即除去像铁一类不希望有的杂质。

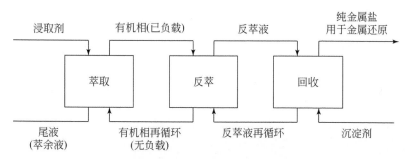

图 2-27　溶剂萃取的一般流程（马荣骏，1979）

近年来，萃取成为生产有色冶金及黑色冶金方面的主要方法，也逐步应用到废弃电器电子产品回收领域中。有机溶剂萃取的一个重要用途就是用于分选废弃电器电子碎料中的多种共存金属。要达到这个目的，通常可以选择适当的 pH，或往水相中加入一种络合剂。而最主要的是选择一种对某种金属的选择性比对其他金属好的溶剂（马荣骏，1979）。

(4) 生物浸出法

生物浸出是微生物（主要为细菌）作用与湿法冶金技术相结合的一种新工艺，利用某些微生物在金属矿物表面的吸附作用及微生物的氧化作用来解决难浸金属矿石的分选问题（李一夫等，2006），其作用机理如图 2-28 所示。生物浸出法应用于废弃电器电子金属材料的回收是近几年发展起来的新型技术，具有零污染的独特优点。但该法动力学过程缓慢，耗时过长，成本较高，再加上适宜菌种稀少，目前普遍用于提取贵金属。

很多有关生物浸出法提取电子废料中金属元素的研究正在进行中。瑞士苏黎世大学环境科学学院的 Brandl 等采用硫杆菌、氧化铁硫杆菌、黑曲霉、青霉菌等细菌对经过物理分选的电子废料微粒进行了浸出试验，利用驯化好的菌群成功提取了铜、锡、镍、铝、铅、锌等有价金属，证明生物浸出技术在该领域的应用具有广泛的发展前景（尧应强等，2011）。

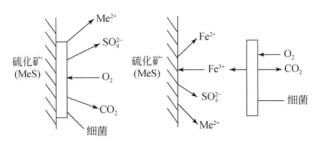

图 2-28　细菌作用于硫化矿物的机理示意图（马荣骏，2007）

2.5.2.3　火法处理技术

火法处理是指将电子废弃物焚烧、熔炼、烧结、熔融等，去除塑料和其他有机成分，富集金属的方法。作为一种最古老的冶金方法，火法处理技术在 20 世纪 80 年代被广泛应用于废弃电器电子产品的回收中，它的减容减量、处理规模和效率是其他回收技术无法比拟的。

火法处理技术可以处理所有形式的废弃电器电子产品，但会对环境造成一定危害。废料中含有大量的多氯联苯、卤化物阻燃剂等，在焚烧熔炼过程中很容易形成二噁英等有毒气体，污染大气，而相应的尾气处理成本又较高。此外，热处理会造成金属的大量损失，特别是贵金属的损耗也使得火法处理技术的经济效益较低（罗志华，2007）。

（1）焚烧法

垃圾焚烧技术作为一种以燃烧为手段的垃圾处理方法，其应用可以追溯至人类文明的早期。一般固体燃料的燃烧目的主要是热能利用，而废弃电器电子产品的焚烧目的主要是使破碎后的废料中的树脂和塑料分解，将剩余的裸露金属及玻璃纤维残渣破碎后，送往金属冶炼厂作为阳极精炼或成为烧结工序的原料，以火法冶炼回收其中的有价金属。

焚烧法要消耗大量热能，不完全燃烧也会产生有毒气体。人们已充分认识到了能量回收在废弃电器电子产品焚烧中的重要性，并在现代焚烧厂的设计中得到体现，目前国际主流的大型焚烧设备如图 2-29 所示。废弃电器电子产品的焚烧极易产生有害物质，以制冷设备中隔热保温层材料硬质聚氨酯泡沫塑料为例。它本身是无毒的，主要成分为碳、氢、氧和氮。燃烧后主要产物为二氧化碳、一氧化碳和水，以及低浓度的其他氧化产物和剧毒的氰化氢。焚烧产物的无害化处理显得尤为重要。

美国佛罗里达大学与萨凡纳河技术中心（SRTC）的科学家开发出微波焚

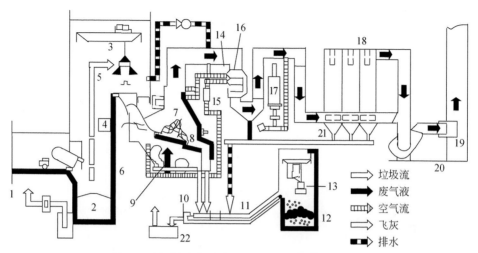

图 2-29   机械炉排焚烧厂系统（柴晓利等，2005）

1-倾卸平台；2-垃圾储坑；3-抓斗；4-操作室；5-进料口；6-炉床；7-燃烧炉床；
8-后燃烧炉床；9-燃烧机；10-灰渣；11-出灰输送带；12-灰渣储坑；13-出灰抓斗；14-废气冷却室；
15-暖房用热交换器；16-空气预热器；17-酸性气体去除设备；18-滤袋集尘器；19-诱引风扇；
20-烟囱；21-飞灰输送带；22-废水处理设备

烧回收法。实验中将压碎的电路板放入熔融硅石坩埚中，将坩埚置于内壁衬有耐火材料的微波炉中加热 0.5 ~ 1h。碎料中的有机物先挥发出来，被压缩空气载气带出微波炉。余下的碎料（绝大多数为玻璃和金属）随着微波炉内温度的升高逐渐被烧焦直至熔化，形成一种玻璃化物质。这种物质冷却后，金属就以小圆珠的形式分离出来，可重新冶炼。其他的玻璃化物质可回收作为建筑材料。

（2）热解法

热解是一种古老的工业化生产技术，最早应用于煤的干馏，所得到的焦炭产品主要作为冶炼钢铁的燃料。随着现代化工业的发展，此项技术的应用范围逐渐扩大，在废弃电器电子产品的回收中主要用于印刷电路板的分选与回收。热解是在无氧的条件下加热将高分子聚合物材料转化为低分子化合物，以燃料或化工原料的方式获得回收利用，同时使聚合物与金属、填料得到分离的分选技术。与焚烧法相比具有以下优点（刘勇等，2009）：

1）可将废料中的有机物转化为以燃料气、燃料油和炭黑为主的储存性能源；

2）缺氧分解，排气量少，有利于减轻对大气环境的二次污染；

3）废料中的硫、重金属等有害成分大部分被固定在炭黑中；

4）热解过程中保持还原氛围，部分金属不会被氧化；

5）NO_x的产量少。

图 2-30 是由美国政府资助，Adherent Technologies 公司开发的 Tertiary Recycling 技术。其主要思路是：废弃电器电子原料经过简单的预处理，破碎回收铁磁性物质后，进入三段循环反应器，电路板中的聚合物通过热裂解变为低分子的碳氢化合物，以气体的形式从反应器中排出冷凝后净化、提纯再利用。剩余的固体残渣为金属富集体。

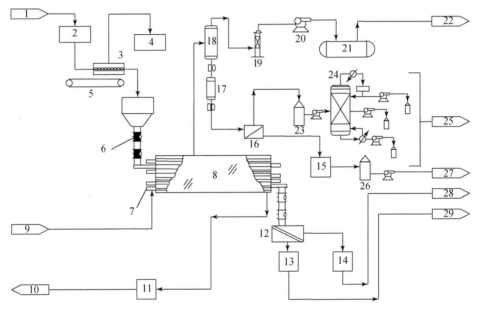

图 2-30　三段循环系统流程

1–废弃电器电子原料；2–破碎；3–磁选；4–铁；5–皮带；6–存储仓；7–加热管；8–三段循环反应器；9–循环气；10–热尾气；11–洗涤塔；12–固体物料分级；13–细粒物料；14–粗粒物料；15–液体处理；16–油水分离；17–真空制动；18–冷凝器；19–冷凝过滤；20–真空泵；21–储气罐；22–循环气；23–有机物；24–蒸馏塔；25–有机产品；26–液体储存罐；27–处置；28–粗粒产品；29–细粒产品

（3）汽化法

汽化法是以可控的方式对塑料废弃物中的碳氢化合物进行氧化，生产出具有高价值的合成气的方法。它同时结合了热解和焚烧技术的特点，并引入了氧气加速分解，避免了热裂解反应速度慢、残渣多、易结焦炭化、传热性能差的缺点，其装置如图 2-31 所示。与燃烧不同，汽化使用纯氧助燃，产物为无毒的氢气和一氧化碳，不会产生二噁英、芳香族化合物及卤代烃类的有毒物质，对环境的影响比焚烧和热解要小得多。在汽化过程中回收的所有产品（气体、金属、填充物等）都能直接利用，无需进一步处理，这一点明显优于热解过程。而汽化的缺陷在于需要非常高的温度和非常好的耐高温材料（彭绍洪，2006）。

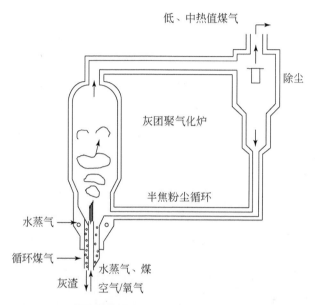

图 2-31　单段流化汽化炉示意图（赵跃民等，2009）

为了处理高金属含量的废料，意大利的 Kiss Gunter H. 等开发了一种选择性汽化工艺，使废料进入高温汽化室后迅速汽化，气体从上部排出，而金属和不能汽化的无机物则落入汽化室下部，在高温下进行冶炼，得到金属和无机产品。美国圣路易斯大学采用等离子汽化技术成功地从环氧树脂中回收了碳纤维或玻璃纤维，该技术汽化温度最高可达 20 000℃，分解速度快，不仅能汽化有机物，还能汽化金属。废料在炉内被快速分解成气体、玻璃体和金属三部分，然后分别回收。

（4）直接冶炼法

直接冶炼属于火法处理中的新兴技术，目前还较少应用于废弃电器电子产品的回收。它采用高温（200℃以上）进行火法冶炼，将未经焚烧处理的废印刷电路板直接作为焙烧原料，经焙烧处理后即可送到烧结工序处进行处理，从中冶炼出多种金属合金，而后再分别提取各种金属元素。使用直接冶炼法从废印刷电路板中回收金属的流程与一般金属冶炼工艺相似，如图 2-32 所示。

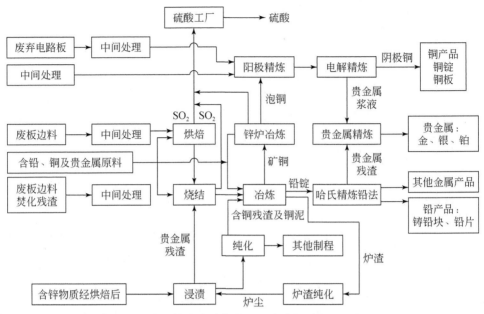

图 2-32　直接冶炼法从废印刷电路板中回收金属的流程

日本的新日铁公司采用直接冶炼工艺处理固体废弃物，使用竖炉在高温下汽化和冶炼废物，其特点是在竖炉下部形成高温焦炭层。为满足用户需求，新日铁公司还积极开发了相关的工艺技术，不仅可以在直接冶炼炉中处理固体废弃物，而且也可以处理在传统焚烧炉中不能很好处理的高灰分或高水分废物，并增大了直接冶炼炉的容量。此外，为了防止全球气候变暖、降低运转成本，该公司还向炉内喷入易燃物质以降低焦炭的消耗，提高了直接冶炼的能力（赵芸芬，2006）。

2.5.3　废弃电器电子产品的贵金属的回收技术现状

随着电器电子产品使用量的增加，废弃电器电子产品的资源再利用已经成为值得瞩目的焦点。废弃电器电子产品中含有大量可回收资源，如洗衣机、冰箱、电脑的外壳塑料、冰箱冷凝管所用的铜以及其他一些金属材料。在这些可回收材料中，贵金属因其昂贵的价值成为重点回收材料之一。贵金属主要包括金、银、铂族金属（钌、铑、钯、锇、铱、铂）等八种金属元素。这些材料在废弃电器电子产品中主要应用于印刷电路板、部分元器件以及焊料中，此外还应用于废弃手机的触点材料、电池以及电子浆料中。

印刷电路板是指表面布有按预定设计，制成印刷电路、印刷元器件或两者组合而成的导电图形的绝缘板材（张宇平和吴韬，2010）。印刷电路板主要由热固性塑料、惰性氧化物和金属组成，金属含量大约为 40%。印刷电路板中的金属包括铜、铝等基本金属，也包括金、银、钯、铂等贵金属以及钼、铈等稀有金属，表 2-17 中列出了一个随意收集到的 1t 印刷电路板所含的金属成分（向磊，2007）。如表 2-17 所示，1t 印刷电路板含金 0.45kg、银 0.45kg、钯 0.11kg、铂 0.03kg。一般认为金矿的含金量达到 3g/t 就具有开采价值，选矿后的金精矿的含金量也只有 70g/t。世界铂族金属矿的平均品位只有 0.6~23g/t，我国铂族金属矿的平均品位只有 0.4g/t（阎利等，2005）。因此，印刷电路板中贵金属数量可观。而印刷电路板的年产量也十分可观。据数据统计，2001~2008 年，我国印刷电路板行业总产值由 360 亿元提高到 1183 亿元，增长了 3.3 倍。2008 年我国印刷电路板产量达到 1.50 亿 m^2。美国的电子垃圾处理企业年利润就已达到 2500 万~3000 万美元。据统计，开采 1t 银大约需要 30 万美元的费用，而回收 1t 银仅需 1 万美元；开采 1oz[①] 金需要 250~300 美元，而回收 1oz 金只需要 100 美元（向磊，2007）。由此可见，从废弃电器电子产品中回收贵金属具有可观的价值，需要予以重视。

表 2-17　随意收集的 1t 印刷电路板所含的金属成分

成分	铜	铁	铅	锡	镍	锌	镉
重量/kg	130	41	24	20	18	4	0.36
成分	金	银	钯	铂	钼	钴	铈
重量/kg	0.45	0.45	0.11	0.03	0.14	0.8	0.5

20 世纪 60~70 年代起，美国就开始研究从电器电子废弃物中回收贵金属的技术。1984 年，美国矿业局就尝试从废弃军事设备的破碎品中回收贵金属，并建成中试厂（张宇平和吴韬，2010）。之后欧洲、日本等陆续加入其中，在 20 世纪 90 年代后已基本形成生产规模，产生的经济效益远远超过对其他城市固体废物的处理（朱雯和周全法，2003）。如今，贵金属回收技术日益完善，回收率也逐渐提高。

2.5.3.1　我国贵金属回收现状

我国废弃家用电器电子产品大多流向沿街叫卖的小商贩手中，这些废弃电器电子产品一部分进入二手店，翻新后重新流入市场；另一部分流入到小作坊式的

---

① 1oz=28.349 523 1g。

回收企业中，经过简单而不规范的处理，提取出其中的贵金属或其他金属成分进行买卖。只有少部分废弃电器电子产品流入正规资源再利用企业，经过合理规范的回收，对其材料进行最大化的资源再利用。另外，沿海一些小作坊式的回收企业还对进口国外的电子垃圾进行贵金属提取，其工作环境恶劣，工人健康不能得到保障，还对环境造成了严重污染。

近年来，我国对废弃电器电子产品资源再利用问题越来越加以重视，陆续出台了法律法规规范市场。"家电以旧换新"等政策鼓励人们将废弃电器电子产品通过正当渠道回收，避免其流入小商贩手中。然而这些却并不充足，我国仍需加强对废弃电器电子产品的监管力度。

2.5.3.2　贵金属回收应用技术

1986 年，美国矿业局组织研究开发废弃电器电子产品处理及贵金属回收新工艺。这些工艺、技术大多仍在应用。目前来说从废弃电器电子产品中回收贵金属的主要技术包括湿法冶金技术、火法冶金技术。下面将逐一介绍。

（1）湿法冶金技术

湿法冶金技术的原理是利用废弃电器电子产品及其配件中的绝大多数金属能在硝酸、王水等强氧化性介质中溶解而进入液相的特点，使绝大部分贵金属和其他金属进入液相而与其他废料分离，然后从液相中分别回收金等贵金属和其他贱金属。

湿法冶金提取贵金属的优点主要为：废气排放量少、残留物易处理、回收效率高以及工艺流程操作简单。目前，它比火法冶金提取贵金属应用得更为普及和广泛。但采用湿法工艺回收废弃电器电子产品中的贵金属时需要使用大量硝酸和盐酸等化学试剂，进而产生大量废液废渣，对环境污染严重，不易处理，因此该技术仍需不断地改进和完善。

a. 金的湿法冶金技术

硝酸-王水湿法工艺：硝酸-王水湿法工艺操作简单、原料廉价，是小型企业最常使用的一种金提取技术。其工艺过程为：先将印刷电路板等进行焙烧或破碎等预处理，即将含有贵金属的部件在 400°C 左右加热并粉碎至一定粒度。预处理中对含有贵金属的部件进行加热处理是为了使部件中的大部分有机物分解除去，以减少酸的消耗并使后续工艺简单化。粉碎至一定粒度是为了在湿法冶金过程中能够使部件内部的铂和金等贵金属顺利地转入溶液。然后用硝酸浸取并适当加热；之后通过过滤将固液分离，得到含银溶液以及含其他贵金属成分的固体；接下来将该固体浸于王水溶液中加热，工艺流程如图 2-33 所示（连红芳等，2004）。

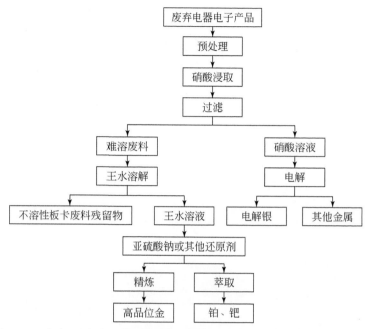

图 2-33　硝酸–王水湿法技术从废弃电器电子产品中回收金的原则工艺流程

双氧水–硫酸湿法工艺：双氧水–硫酸湿法工艺是将经过拆解和挑拣不含贵金属的废弃电器电子产品部件及含有贵金属的废弃电器电子产品部件在 400℃ 左右加热并粉碎至约 200 目，然后置于耐酸反应器中，加入一定量的双氧水和稀硫酸浸泡一段时间。待反应平衡后，进行固液分离。不溶的固体物质为金等贵金属、部分氧化物以及少量的高分子化合物；液体为铜、镍、铁、锡等金属的硫酸盐溶液。把取出的已剥离完的废料用王水溶解，过滤得到含金王水溶液。用硫酸亚铁或草酸在加热条件下进行还原，得到粗金粉。再经过湿法或电解处理得到高纯度金粉或金锭。其工艺如图 2-34 所示。

硫酸的浓度和用量对金的回收率有较大影响。随着硫酸浓度的增大，金和铜等有色金属的回收率也相应增加。当硫酸浓度达到 1∶3 时，金的剥离率和回收率均可达到 98% 左右，铜的回收率可达 99% 以上。随着双氧水用量的增加，金的回收率增加。

鼓氧氰化法工艺：鼓氧氰化法工艺的原理是利用碱金属氰化物将板卡等废电脑部件表面的金、银溶解而进入溶液，与板卡等部件中的大部分物料分离，再通过还原方法使氰化溶液中的金、银还原出来。鼓氧氰化法从板卡等部件中回收金的原则流程如图 2-35 所示（向磊，2007）。

因此采用氰化法从板卡等电脑部件中回收金时，必须在氰化物溶液中鼓入空

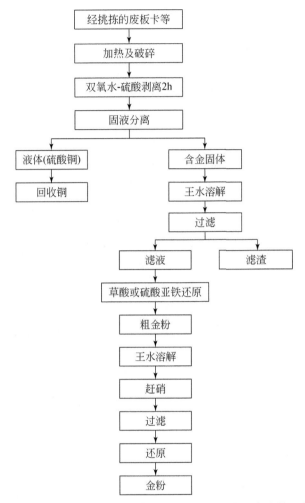

图 2-34 双氧水–硫酸湿法回收废弃电器电子产品中金的工艺

气。在实际回收中，控制氰化物溶液中氰化物和氧气浓度对提高板卡等部件表面金的溶解速度非常重要。研究结果表明：金在氰化物中的溶解速度是氧消耗速度的 2 倍，是氰化物消耗速度的一半。此外，温度对金的浸出影响较大。由于鼓氧氰化过程中氰化物过量，金还原后所得的含氰溶液可以返回鼓氧氰化池重复使用数次。一方面，此法可以降低氰化物的消耗量；另一方面也使最终废液中的游离氰含量大大降低，有利于环境保护。

金溶解的化学反应如下：

$$4Au+8NaCN+O_2+2H_2O \longrightarrow 4NaAu（CN）_2+4NaOH$$

此化学反应分以下两步进行：

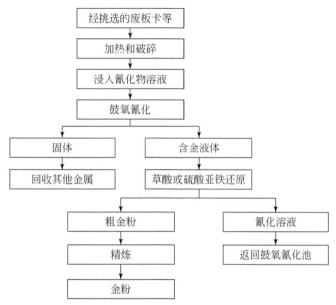

图 2-35　鼓氧氰化法从板卡等部件中回收金的原则流程

$$2Au+4NaCN+O_2+2H_2O \longrightarrow 2NaAu（CN）_2+2NaOH+H_2O_2$$
$$2Au+4NaCN+H_2O_2 \longrightarrow 2NaAu（CN）_2+2NaOH$$

b. 银的湿法冶金技术

印刷电路板上银的形态主要有单质银（以银触点、银涂层和镀层形态出现）、含银化合物（银层表面的氧化银、硫化银等）、银合金（与金、钯、铂等贵金属和铜、镍、钴等贱金属形成的合金）以及由单质银的细小颗粒与有机物和无机胶黏剂混合而成的各类电子浆料和胶黏剂。湿法回收银的基本原则是设法将板卡表面、内部和板卡上元器件中的各种形态的银转入溶液，在此过程中与板卡上大部分其他物质分离，转入溶液的银采用化学和电化学等方法进行回收。湿法回收板卡中的银的最终产品主要是粗银、高纯度银或特定种类的银化合物。与金的湿法冶金相似，用湿法冶金技术回收废板卡中的银时，需先对其进行必要的预处理，即将含有贵金属的部件在400℃左右加热以及粉碎至一定粒度。

将经过预处理的废板卡中的银转入溶液的常用方法是采用退银溶液退银。从回收银的角度看，硝酸、硝酸–硫酸混合酸、王水、碱金属氰化物溶液等都是较好的退银溶液，可分别用于不同组分和不同品种的板卡退银（向磊，2007），有下列几种方法：

1）硝酸退银。这是对银处于表面的印刷电路板退银的最简便方法。表面的银触点、银铜合金触点以及通过电镀或丝印涂布并烧结的银涂层在硝酸的作用下进入溶液，铜、铁、镍、钴等贱金属也随之进入溶液。通过控制废板卡在硝酸中的浸泡时间、反应温度和硝酸浓度可以控制贱金属进入溶液的量。

2）硝硫-硫酸退银。将板卡和有关元器件浸泡在按照一定比例混合的浓硫酸和浓硝酸组成的混合溶液中，控制一定的温度和浸泡时间，可使板卡和有关元器件中的银全部转入溶液。硝酸-硫酸混合酸可以反复多次使用。

3）王水退银。将废印刷线路板浸泡在王水中，其表面的各种金属将绝大部分进入溶液，包括金、钯、铂等贵金属，将其从王水溶液中捞出，用清水冲洗干净，用于其他材料的回收。王水溶液进入下道工序以提取银、金、钯、铂等贵金属和其他贱金属。

4）碱金属氰化物溶解退银。将电脑印刷电路板浸泡在由氰化钾或氰化钠、碳酸钠或氢氧化钠组成的混合溶液中，加热至50℃，约4h取出；用清水反复清洗废板卡后用于其他材料的回收，氰化物溶液经过反复使用失效后，进入下道工序回收银、金等贵金属。由于氰化物剧毒，在氰化物退银过程中应注意保持溶液的强碱性并保证有关液体统一放置回收。

从板卡退银溶液中回收银：由于印刷电路板种类的不同以及退银溶液的使用方法不同，退银后所得溶液的含银量以及其他金属的种类和含量差异很大，因而从板卡退银溶液中回收银的方法有较大差异。根据退银溶液中杂质金属的种类和含量不同，可有选择地采用沉淀法、置换法、次氯酸盐法、硼氢化钠法、连二亚硫酸钠法和电解法等方法从退银溶液中回收银。下面以硫化沉淀法为例，重点说明沉淀法回收银的工艺。

在板卡退银溶液中加入硫化钠，使银离子生成硫化银沉淀与溶液分离：

$$2Ag^+ + S^{2-} \longrightarrow Ag_2S$$

经过沉降和过滤后，将所得的黑色 Ag_2S 沉淀还原成金属银。常用的还原方法如下。

1）硝酸溶解法：用硝酸将 Ag_2S 溶解，产出 $AgNO_3$ 与单质硫，过滤，在所得滤液（含 $AgNO_3$）中加入还原剂而得到金属银。

$$Ag_2S+4HNO_3 \longrightarrow 2AgNO_3+S+2H_2O+2NO_2$$
$$2AgNO_3+Cu \longrightarrow 2Ag+Cu（NO_3）_2$$

2）焙烧熔炼法：在反射炉中，将 Ag_2S 于 700~800℃时进行氧化焙烧，使其转变成 Ag_2O；再将炉温升至1000℃以上，使 Ag_2O 分解成液体金属银。

$$2Ag_2S+3O_2 \longrightarrow 2Ag_2O+2SO_2$$
$$2Ag_2O \longrightarrow 4Ag+O_2$$

3）铁屑纯碱熔炼法：Ag_2S 与铁屑、碳酸钠预先进行配料搅拌，其中铁屑为

30%，纯碱为 20%。然后于 1100℃时进行熔炼。

$$Ag_2S+Fe \longrightarrow 2Ag+FeS$$

$$2Ag_2S+2Na_2CO_3 \longrightarrow 4Ag+2Na_2S+2CO_2+2O_2$$

在产出金属银的同时，还生成了钠冰铜。钠冰铜对银有较大的溶解能力，造成银的分散，降低了银的直收率（向磊，2007）。熔炼温度不宜超过 1100℃，高温将增加硫化物对银的溶解能力。炉渣含银的高低，还可通过浇铸时的炉渣（或冰铜）与银的分离状况进行判断，冷却后若炉渣容易分离，银面又不留炉渣黏结物，说明炉渣含银低；反之则炉渣含银高（向磊，2007）。

4）铂的湿法冶金技术：传统的铂湿法回收工艺是硝酸–王水法。其流程与金的回收相似。将硝酸浸泡过的剩余残渣浸入王水中，利用王水的强氧化性使其溶解进入液相；过滤后将滤液蒸发浓缩到一定体积后分批加入少量盐酸赶硝，沉淀出金以后，铂以配合物的形式留在溶液中，最后用萃取法或氨水沉淀法回收铂。

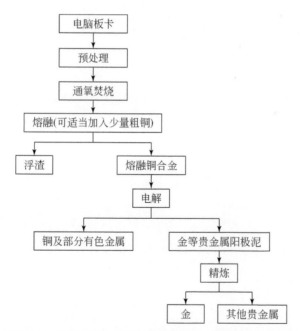

图 2-36　火法冶金技术回收电脑板卡中金的原则工艺流程

传统的硝酸–王水湿法回收铂的工艺通常是回收金工艺的一部分，铂由于含量比金银低得多而通常只作为回收金银所得到的副产品。

（2）火法冶金技术

火法冶金提取贵金属技术曾一度得到广泛的应用，但由于对其他材料的浪费而限制了其应用。火法冶金从废弃电器电子产品中回收金和铂的流程方法相同，回收银所采用的原理也与金相类似。其原理是利用高温使印刷电路板中的有机物变成气体逸出，这些气体进入二次焚化炉燃烧后，再经急冷塔检验吸收、除尘过滤处理后排放。而另一部分非金属呈浮渣形式浮于金属熔融物料上层，这样就达到了分离非金属物质与金属物质的目的。为了保证银等贵金属在熔融过程中充分进入合金相，根据板卡的种类，对金属含量较低的板卡，在熔融时必须加入一定量的贱金属（如粗铜）（图2-36）（赵芸芬，2006）。金等贵金属在熔融状态下与贱金属形成合金，除去表面的浮渣后，将熔融合金注入相应模具中冷却，再通过精炼或电解处理使金等贵金属与贱金属分离，同时使金与其他贵金属相互分离（刘辉等，2009）。

a. 热解法

热解是在缺氧或无氧条件下将有机物加热至一定温度，使其分解生成气体、液体（油）、固体（焦）并加以回收的过程。热解技术的资源回收效率高、污染排放低，因此越来越受到重视。在热解过程中，聚合物材料在惰性气体保护下加热到一定温度发生热分解，生成低分子量物质，冷凝得到不凝性气体和液态热解油。金属和玻璃纤维等成分基本不发生性质变化，留在反应器中作为固相残渣，采用简单的物理方法即可分离回收。

目前，废弃电路板热解主要有两种不同工艺：一是废弃电路板经过预处理后全部进行热解；二是废弃电路板经预处理粉碎，将物理方法回收金属后的非金属残渣进行热解（彭绍洪，2006）。

b. 生物处理法

生物处理法是一种利用细菌浸取电子废物中的贵金属的技术。利用三价铁离子的氧化性将贵金属合金中的其他金属氧化溶解使贵金属裸露出来便于回收，还原的二价铁离子被细菌再氧化以后用于浸取。

c. 超临界氧化法

利用超临界流体的特殊物理性质来破坏印刷电路板中的树脂黏结层，从而对电路板中的物质进行回收处理的方法。

d. 机械物理法

机械物理法是指采用破碎实现电路板各组分特别是金属与非金属组分的有效分离，利用金属与非金属之间的物理性质的差异，通过磁选、电选等分选手段实现铁、铜、塑料等不同材料之间的分离富集。

2.5.4　废弃电器电子产品的成套回收处理工艺现状

2.5.4.1　国外废弃电器电子产品成套回收处理现状

美国、欧洲、日本等发达国家或地区对废弃电器电子产品回收技术开发早、发展快，目前已经形成产业链，废弃电器电子产品成套回收技术成熟，拥有自主知识产权。

日本在家电回收及处理方面采用了"3R"循环体系，包括减量化（reduce）、重新使用（reuse）和废品再生利用（recycle），体系中规定了零售商、生产商以及消费者等相关人员的责任和义务，形成自主回收和再资源化的结构路线，取得了良好的社会效益（吴雅丽，2008）。此体系的优点是明确各相关部门的责任和义务，有利于生产商在生产的同时考虑电器的再利用，从材料和结构的设计上使电器更易进行回收。在此体系的要求下，很多日本生产商，如松下、东芝、日立等都已建立了资源再利用工厂并已开始运行。这些企业的回收特点是：①结合机械流水线进行最大程度的手工拆解；②将拆解后的整机整体破碎，然后使用不同的分选技术，如磁选、电选、涡电流分选等将材料分别回收。图 2-37 为日本钢管株式会社（NKK）公司废弃冰箱的回收流程示意图（吴雅丽，2008）。

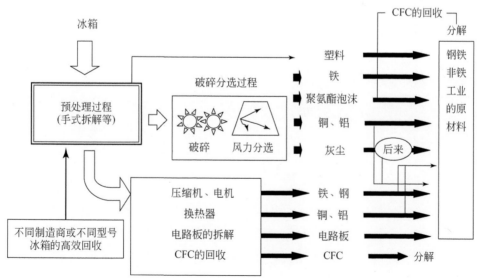

图 2-37　NKK 公司的废弃冰箱回收流程（郭汉丁等，2010）

瑞典 SRAB 是世界上最大的回收公司，致力于实施和开发电子废弃物的机械处理技术和设备，该公司电子废弃物处理的基本流程如图 2-38 所示，涵盖了目前电路板机械处理的基本方法（王海峰等，2008）。其回收特点是分选工序多，包括磁选、鼓风分选以及风力摇床分选，成本较高。回收工艺中的预分类需要人工处理，但预分类只拆解铁、电动机和电路板，需要的人工较少。

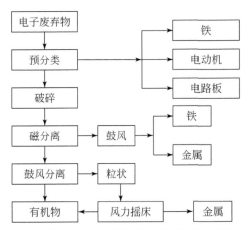

图 2-38　SRAB 公司的电子废弃物的基本处理流程（郭汉丁等，2010）

图 2-39 为德国废弃家电整体破碎式回收工艺流程（郭汉丁等，2010）。由于欧洲人工劳动力费用较高，所以其回收技术的特点是高度机械化自动化。分选技术使用磁选、电选等工艺技术，其耗电量大，成本较高。对于 CFC 等有害物质做重点回收，剩余材料做焚烧填埋处理，因此环境污染较小。

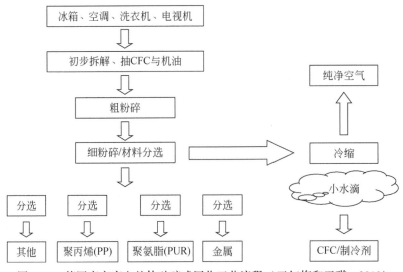

图 2-39　德国废弃家电整体破碎式回收工艺流程（王红梅和王琪，2010）

德国威斯巴登市废弃电器处理中心年处理废弃电器 4000t（王红梅和王琪，2010）。其中废弃冰箱及空调先抽出制冷剂，然后拆下的压缩机卖给南非收购商制作空调，其他部件送到专业处理厂进行破碎、分选，回收金属后，进行卫生填埋、焚烧。废弃电视机先手工拆解下外壳、印刷电路板、阴极射线管、液晶显示屏等，分别存放，再送各专业厂处理。含多氯联苯的电容器、变压器油，分别放在铁桶内，送专业厂处理。

2.5.4.2　我国废弃电器电子产品成套回收处理现状

我国废弃电器电子产品的处置与国外明显不同，有学者将其归纳为图 2-40（王红梅和王琪，2010）。

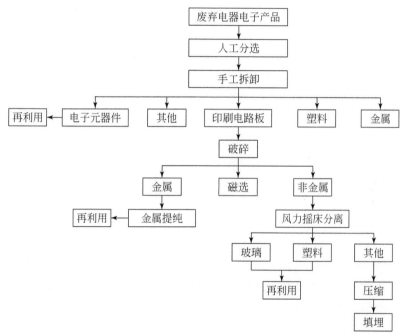

图 2-40　废弃电器电子产品资源再利用处理技术（李金惠等，2011）

我国的废弃电器电子产品主要采取以下三类方式处理。三种回收方式归类为图 2-41。

一是粗放式，即小作坊企业的处理方式。它们采用手工及最简单的工具进行废弃电器电子产品的拆解，将有价值的成分、可二次使用的部件分类，其余部分采用硝酸-王水法或露天焚烧法等落后方式来回收贵重金属，剩余无法回收的组分随意堆放或抛弃。

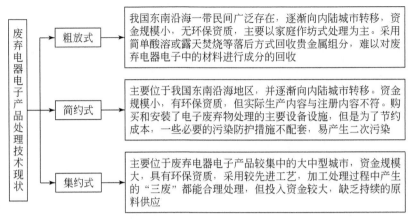

图 2-41　我国废弃电器电子产品处理技术现状（李金惠等，2011）

二是简约式，即一些中小型企业的处理方式。这些企业购买和安装了处理废弃电器电子产品的主要设备设施，如风力摇床等，但是为了节省成本，一些设备的性能不足以高效回收废弃电器电子产品中的材料，且必要的污染防护措施不配套，易造成二次污染。

三是集约式，即一些示范项目和大型企业的处理方式。它们严格按照环保要求，采用先进工艺，进行废弃电器电子产品的再生资源利用，如南京金泽金属材料有限公司等。

（1）粗放式成套回收技术现状

以贵屿地区为代表的小作坊式的废弃回收站，是粗放式的代表，其技术流程如图 2-42 所示。该方式生产和销售一体化，企业规模 10 余人，多数为外来女工，进行的是手工拆解，将可用的电子元器件等一一拆解回收，然后对剩余部分进行简单破碎，简易破碎设备成本较低。接下来用酸溶或焚烧的方法回收其中的贵金属以及一部分贱金属成分。

图 2-42　粗放式成套回收处理流程

该流程需要大量人工劳动，焚烧及酸溶的过程中污染严重，且小作坊没有能力和设备处理此流程中产生的废水、废气，对环境造成严重污染。危害环境的同时还严重危害了工人的健康，而且这种小作坊成本低，不能保证工人医保等福利。而此种处理方式只能回收其中的贵金属和一部分贱金属，其他塑料等成分都没有回收，浪费了原材料。

（2）简约式成套回收处理技术现状

简约式成套回收处理技术主要应用于中小型企业，其分布已由我国东南沿海地区，逐渐向内陆城市转移。与粗放式相比，简约式更加正规且对环境的污染较小。与集约式相比，其投入资金更小。简约式回收处理企业所使用的技术主要包括手工拆解、机械破碎、重选、风选等材料分离技术等，废渣采取填埋或焚烧的方法处理。由于投入资金的限制，这种企业通常选用国产机械设备进行生产以降低成本，且通常不具备对废水、废气、废渣处理的设备，对环境和工人健康造成很大伤害。

（3）集约式成套回收处理技术现状

为推动我国废弃电器电子产品回收处理，促进资源再利用，2003 年 12 月，国家发展和改革委员会确定了浙江省、青岛市为国家废弃家用电器回收处理试点省（市）。同时将浙江省、青岛市试点项目以及北京市、天津市废弃家电示范工程纳入了第一批节能、节水、资源综合利用项目国债投资计划（李金惠等，2011）。该批企业引进国外先进的电子废弃物回收利用技术，规范生产作业，环保设施配套，成本投入高。

天津和昌环保技术有限公司是 2004 年国家发展和改革委员批复建立的 42 个再生资源示范企业之一。2006 年 7 月试运行，年处理能力为 30 万台，占地面积为 20 000m^2。图 2-43 为该公司厂房布置示意图（郭汉丁等，2010），生产场地包括 4 个联体独立厂房，每间厂房占地 5000m^2，分别为拆解厂房、整机破碎厂房和深度加工厂房等，厂房设 3 条生产线，1 条电脑拆解线和 2 条 CRT 电视机拆接线，其中 1 条 CRT 显示器拆解生产线已拆解 CRT 电视机 8000 台（郭汉丁等，2010）。

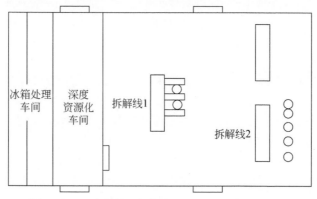

图 2-43　天津和昌环保技术有限公司厂房布置状况

　　北京华星集团环保产业发展有限公司是一家集环保技术创新、环保设备制造、环保产品集成供应和相关技术服务为一体的综合性环保企业，是国家发展和改革委员批准的废弃电器电子产品回收处理利用全国示范工程的具体运营企业（郭汉丁等，2010）。华星集团成立于 2006 年，占地面积近 6 万 m^2，注册资本 3000 万元，环保项目总投资 8000 万元，废弃家用电器处理能力为 120 万台/a，在 2005 年年底实现试运行，投资回报周期为 8~9 年（王红梅和王琪，2010）。

　　该公司废电路板处理工艺流程如图 2-44 所示。将电路板投入机械粉碎机中进行粉碎，通过反复筛选和磁选实现铁类和非铁类的分离，再通过静电分选手段使塑料、陶瓷和非铁类金属分离，从而实现铁、铜、塑料等材料的富集。

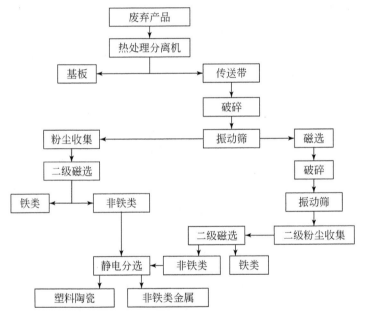

图 2-44　北京华星集团环保产业发展有限公司废弃电器电子产品处理工艺流程
（王红梅和王琪，2010）

2.6　我国废弃电器电子产品开发应用的问题分析

　　本章中已经分析了我国废弃电器电子产品资源再利用的技术现状，包括拆解技术、金属与非金属材料的分选技术、贵金属回收技术以及成套回收处理工艺。此外，还分析了我国现有的回收途径及法律法规。与国外发达国家相比，总体来说，我国废弃电器电子产品开发应用的问题主要存在下面几个方面。

2.6.1　回收途径的问题

1）政府的引领行为缺失。国外成熟回收体系基本上都存在政府参与回收环节，或是建立回收点，或是成立专门的管理和监督组织，采取全盘统筹与信息监管的方式管理和追踪电器产品的回收处理和信息。相比之下，尽管我国出台的一些"办法"和"政策"规定了政策制定和监督机构的管理者。但主管单位数量众多，必定会在政策、法令法规、监管方面出现中国式"慎重"、责任不清、管理不明的现象，无法有效地将各项措施落实到位。在整个回收体系中也难以发挥政府的引领及在各方的调节作用。

2）生产企业和销售商社会责任感不强。我国已经出台了一系列废弃电器电子产品回收办法，但大多属于非强制性政策。在没有相关法律约束的作用下很难使得这些以利益为目标的单位担负起应有的社会责任。因此，应加强相关企业责任机制的有关工作。

3）缺乏回收主体之间的联动。应尽快建立起知名生产企业、大型销售商、普通民众、回收和处理企业之间的联动和合作，增强回收体系的针对性和效率，提高废弃电器电子产品开发应用的效益。

4）需要扩大《废弃电器电子产品处理目录》的回收和处理目标。补充其他一切数量巨大、回收价值较高的废弃电器电子产品。一方面，这些废弃物对环境和人类都造成了很大威胁；另一方面，也可以解决很多正规回收和处理企业"吃不饱"的问题，有效利用、回收和处理资源。

2.6.2　法规政策的问题

1）缺乏法律约束力。目前我国实行的《废弃电器电子产品回收处理管理条例》等一系列条例尚不具备有效的法律效力。而发达国家的相关政策和办法早已上升到法令或法律的高度，这就直接迫使各方必须按规定办事。此外，还存在没有明确各个部门的职责；EPR 原则贯彻不彻底；对单个家电消费者的约束力与控制力不强；奖惩措施不明确，使用技术开发落后，相关企业不愿意率先承担回收责任等问题。

2）缺乏细则及其解释。有关办法已经为废弃电器电子产品开发应用产业体系的建立推出了第一步，即大框架已经完成。但相关措施具体操作的责任单位，具体实施细则尚不完善。

3）缺乏有效的监管机制。虽然我国已经实行了《废弃电器电子产品回收处理管理条例》，但是在实际生产中，监管力度不够，仍有部分企业仍不处理"三废"，逃避责任，导致环境污染严重，危害工人健康。

4）对废弃电器电子产品无害化处理的技术标准较为缺乏。

2.6.3　技术问题

本书认为与上述两个问题相比，技术问题本身在我国并不十分突出。现有技术完全可以满足相关废弃产品的开发应用，关键是在于如何选取适当的技术手段，以及如何推行这些技术的实施和设备的应用。但除国家重点扶持和关注的正规回收和处理企业外，我国中小企业所采用的技术确实存在以下几点问题：

1）机械化、自动化程度低。主要表现在拆解技术方面，国外多使用半自动拆解或机械拆解技术，而我国主要使用手工拆解，手段原始落后。同时，在拆解过程中由于不规范操作等，可能导致 CFC 等物质的泄漏，造成严重污染。

2）自主研发专利技术少。相比国外成熟的资源再利用技术，我国的资源再利用技术自主研发投产的专利少，大型企业需要引进国外技术，发展被动又提高成本。没有能力引进国外技术的中小型企业又往往存在安全隐患、环境污染等问题。目前，我国缺乏先进的工艺技术做支撑，且开发力度远远不够。

3）生产和回收脱离。在我国，电器电子产品的生产商不参与回收过程，因此在他们开发新产品时往往不会考虑回收的标准化，缺乏面向回收的产品设计理念，使得这些产品在回收时，拆解等流程不能统一，机械化困难，需要大量的手工拆解，造成劳动力资源的浪费。

2.6.4　其他问题

1）产业标准化低。各公司为满足消费者个性化需求、展示产品的独特性，往往在同一类产品的设计标准上存在较大偏差，这就为相同种类废弃电器电子产品的回收和处理工作增加了难度，如手机电池的设计和使用。

2）财政补贴政策缺失。绿色产业和循环经济发展本身有着巨大的社会和人文驱动力。但基于我国初级国情阶段，有必要在财政方面对废弃电器电子产品开发应用产业的初步形成阶段给予财政倾斜措施。一方面用于消费者观念整体转变的宣传和科普工作；另一方面，扶持正规企业，淘汰非法作坊。

第3章 我国废弃电器电子产品开发应用的支撑技术

长期以来，大量废弃电器电子产品"沉睡"在居民家中，甚至被作为废弃垃圾随意丢弃，对环境和人类健康造成了严重威胁。这些所谓的"垃圾"实际上蕴藏着丰富的可供城市可持续发展的巨大物质资源和生产能源，可谓一座潜力无限的"城市矿山"。然而，这座"城市矿山"的关注度和开发应用程度还只停留在探索和尝试的初级阶段。由于我国废弃电器电子产品开发应用的各个环节还很不健全，不能有效形成城市矿产的产业模式，从而造成很多废弃产品长期闲置或得不到正确处理。这不仅耗费了大量的土地资源，极易造成环境污染，同时也有悖于循环经济和绿色资源开发应用的发展路线。特别是像北京、上海、广州及其周边城市等地这种电器电子产品废弃量巨大，对于具有空间和资源短缺性质的城市来说，不合理、不科学的开发应用就等于资源浪费及更严重的环境破坏。此外，"城市矿山"的开发应用也能缓解由于地质勘探、自然采矿带来的生态破坏，并加强对原始资源的保护。所以建立合理、先进、完整的废弃电器电子产品回收、运输、处理、再利用的开发应用体系刻不容缓。

在废弃电器电子产品开发应用的整个过程中，选择合理方案是最为重要的原则。尤其是对于各项处理技术来说，最先进的不一定是最好的解决方案，而是必须要符合我国国情。在选择时应秉持以下两个原则：一是利益最优化（包括生产企业、销售商、消费者、回收处理单位四方效益最优，以及社会和环境平衡最优化）；二是形成循环经济模式的系统产业。从技术上来说，这就要求废弃产品再生利用极限化。在拆解前，必须清楚区分可回收利用成分/材料、贵重成分/材料、有害成分/材料，并做初步的成本分析，找到最佳拆解方案，决定采用非破坏性拆解技术还是破坏性拆解技术，采用手工拆解还是机械拆解。在拆解后，首先要按照不同材料进行分类存放，对废液、废渣、废气进行分类收集存放，避免杂乱及相互污染；其次，要形成一条连续的开发应用产业链，使得拆解后的材料及时得到处理、加工、再利用、销售，从而达到"城市矿山"的有效开发。整个开发应用的设计要结合我国国情，充分利用富足的劳动力，综合考虑经济、环保、产业等方面，具体遵循以下原则：就业人员多、生产效率高、废弃物少、清洁、资源利用率高。本章所推荐的很多拆解技术都是基于已经在我国废弃电器电子产品开发应用的相关企业，尤其是那些政府规范回收处理企业使用的应用技术中总结得到的。长期的应用经验证明了这些技术手段是适应我国目前在废弃电器电子产品开发应用方面所需要的技术。而且细化并增加人工拆解环节不仅可以节省设备的购买、厂房、维护费用，还可便于后续共性材料的再利用开发工作。在共性材料的再利用开发方面——主要指金属和非金属原材料的再制造过程，则借鉴了国外的一些技术手段，期望我国电器电子产品的开发应用能在以人为本和保护环境的基础上更加机械化、先进化、国际化，在产业化及得到国际认可的同时，更加合理地开发"城市矿山"资源。

废弃电器电子产品开发应用的指导原则可分为以下三步：

1）对具有污染、危险性质的液体进行分类收集；

2）按照逆向制造程序对可拆解的零部件进行回收再利用，可以减少后续处理成本和再加工成本，并且降低回收处理成本；

3）对不可再利用的零部件资源化的回收利用，进行共性材料的开发应用，主要是贵金属和塑料的应用，充分回收其中的有价物质，实现报废电器电子产品的回收利用。

拆解时采用的方法主要有手工拆解、半自动机械拆解和自动机械拆解。对于一些可以再利用的零部件、一些危险的不能直接进行剪切破碎的零部件、一些便于手工拆解的零部件以及一些成分比较单一的零部件，选用手工拆解，以达到高利用率、高安全性、低成本的目的。在对其余部分利用机械拆解时，以全程自动化为主，辅助半自动机械，以提高效率。在机械拆解过程中，为避免造成二次污染，要配套装有相应的尾气收集装置。

3.1～3.6节就遵循以上的开发应用原则及步骤，分别对废弃冰箱、废弃洗衣机、废弃电视机、电脑、手机与空调的开发应用进行具体的阐述，并对其内的特殊器件、材料的拆解、回收分别进行阐述。最后3.7节具体阐述了对破碎后金属与非金属材料的分选、贵金属的开发应用以及塑料的开发应用。

3.1　废弃冰箱的开发应用

3.1.1　废弃冰箱的成套回收处理方式

废弃冰箱的成套回收处理过程包括拆解、粉碎、分选、回收再利用等步骤。冰箱中的材料组成基本上为金属、塑料及泡沫保温材料。回收时需要重视一些特殊零部件和液体的回收与处理，重点是对制冷剂的回收处理；在预处理过程中注意压缩机的拆除，重点是对压缩机的后期处理。

　　冰箱主要由箱体、门体、制冷系统、电气系统及附件五部分组成。拆解时需手工拆解的可再利用的零部件、一些便于拆解的零部件及需要特殊处理的零部件清单如下：①箱体内部附件；②冰箱门；③内胆边槽里的除露管；④侧面、背面、顶面和底部的钢板；⑤启动继电器、电容器、镇流器、风门调节器、灯开关、温度控制器；⑥冷凝器、蒸发器；⑦压缩机；⑧聚氨酯硬质泡沫绝热中间层。

　　废弃冰箱的成套回收处理流程如图 3-1 所示。

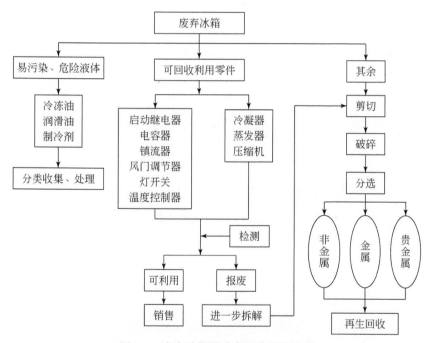

图 3-1　废弃冰箱的成套回收处理流程

3.1.2　拆解技术

3.1.2.1　附件的拆解

　　从冷藏室取出玻璃、金属、果菜盒、抽屉、塑料隔板和照明灯泡等；从冷冻室中取出各个抽屉，包括冷藏室门背面的小壳体。

3.1.2.2　箱门的拆解

单门冰箱：将箱门上的合页螺钉拆下，即可将箱门取下。

双门冰箱：用十字螺丝刀或小扳手将冷冻室和冷藏室中间中前梁上的中合页固定螺丝拆下，然后将上下门向前拉出取下。

门把手：用螺丝刀插入把手装饰板和把手主体之间，将装饰板缓慢地轻轻撬开拆下。然后用十字螺丝刀拧下把手固定螺钉，即可取下把手主体和把手底板。

门封条：翻开箱门四周的门封条，用十字螺丝刀将所有固定门胆的"自攻螺钉"拆下，然后再将磁性门封从门胆上拉开取下，并把每条边剪开。用尖嘴钳把每条门封中的磁性条抽出。

冰箱下门体有高支架、低支架、瓶栏杆、蛋架和蛋架罩，用螺丝刀拆下即可。

3.1.2.3　内胆边槽里的除露管（铜管）的拆解

除露管在内胆边槽里，为铜管，手工取出，分类收集即可。

3.1.2.4　钢板、电线的拆解

拆解冰箱顶面、侧面、背面和底部的钢板和电线，并分类收集。

3.1.2.5　电容器的拆解

（1）继电器

继电器一般固定在压缩机外壳上。具体拆解步骤如下：

1）用尖嘴钳夹住压缩机接线盒上固定盒盖的弹簧钩一头往外拉，卸下弹簧钩，取下盒盖；

2）将接线盒内的启动继电器和过载过热保护器从压缩机接线柱上拔下，并用钳子拔下连接线插头，分别取下启动继电器和过载过热保护器。

（2）温度控制器

a. 直冷式

1）将夹装在蒸发器上的温度控制器的感温管拆下；

2）将固定温度控制器盒的螺丝松开取下；

3）拔出温度控制器刻度旋钮；

4）将温度控制器盒内固定温度控制器的螺丝松开，即可将温度控制器取出。

b. 间冷式

1）将温度控制器的刻度盘向下卸下；

2）将制冷盒架向右移动，脱离固定夹具，再向外拉出；

3）拆卸感温管部分，再把固定温度控制器的卡爪立起，拆下电源线，即可取出温度控制器。

（3）冷藏室风门调节器

1）将温度调节刻度盘向外拔出；

2）用螺丝刀将卡爪张开，将控制面板下部拉出，同时将内部凸出部分拆下，即可将控制面板取出；

3）将感温管向下拉开，与风路板脱开，把风路板往自己方向拉开并取出；

4）拧开风门调节器固定螺钉，即可取出风门调节器。

（4）照明灯开关

将螺丝刀从开关右侧插进，把灯开关撬开，拉出来即可。对双门间冷式冰箱，用小螺丝刀从开关的侧面插进去，用手压好中隔板左右两侧边缘，然后撬起取出，拔下引线的端子即可。照明灯泡直接用手旋下。

（5）电容器和镇流器

电容器和镇流器可能含有多氯联苯，所以拆卸时使用一次性防水工作手套、安全护目镜、长袖上衣、已净化的工作靴，以及标准螺丝起子（带电绝缘手柄）、套筒扳手、套筒起子、剪钳。首先应该切断连接电线，然后移出安装螺丝和固定夹。

3.1.2.6　制冷系统的拆解

（1）毛细管

毛细管是一根又长又细的铜管，一般长为 2～4m，其内径为 0.5～1mm，外径为 2～3mm，一端接干燥过滤器，另一端同蒸发器相连接。拆解时用刃口锋利的布剪刀剪断即可。

（2）冷凝器

冷凝器又称散热器，是冰箱制冷系统中的主要热交换设备之一。拆解时先剪开压缩机加液管，放尽制冷系统中的 R12，再用气焊熔开冷凝器与压缩机高压排气管的连接处及毛细管与干燥过滤器的连接处。

（3）蒸发器

蒸发器是将被冷却物质的热量传递给制冷剂的热交换器，一般安装于箱内上部或后侧。拆解时先将固定蒸发器的螺母拧下，再把低压吸气管和毛细管经氧气–乙炔焊枪加热熔化脱开后，将蒸发器上的温度控制器感温管的卡子松开，使感温管离开蒸发器，而后把蒸发器取下。

（4）干燥过滤器

干燥过滤器是为毛细管配套服务的，用于吸附制冷系统中的残留水分和过滤有形灰尘及金属等异物。它安装于冷凝器和毛细管之间。过滤器以直径为 14～16mm，长 10～15cm 的铜管为外壳，内装滤网和吸收水分的干燥剂。

3.1.2.7 压缩机的拆解

压缩机是冰箱制冷系统的心脏。家用冰箱的压缩机一般为全封闭压缩机。它的全称为"电冰箱用全封闭型电动机–压缩机"，它实际是将压缩机与电动机全部密封在机壳内。压缩机包含大量润滑油，需清除。

（1）拆除前处理

1）拆除压缩机前必须先完成制冷剂的完全回收。把压缩机外壳接线柱电源插座拔下，用割管刀断开铜制冷剂线盒线束的连接，操作时将切轮与管子垂直夹住并顶住，旋转调整约半圈，同时将割管刀旋转一圈，即边拧边转，直至切断。用布剪刀剪掉充气管，放出制冷剂。可用真空泵抽取制冷剂。R12：1800℃高温加氮焚烧；R600a：过滤并检查后准备重用。

2）拔出吸排气管。机壳上焊有紫铜制成的吸气管、排气管和工艺管。待制冷剂放出 0.5h 后，用气焊的中性火焰，将压缩机上吸、排气管焊开拔出。如没有气焊，可采用汽油喷灯，喷灯使用 70 号汽油。使用汽油喷灯时，室内通风应良好，因为空气中如含有制冷剂，在喷灯火焰下会燃烧，产生光气危害人体。在使用气焊时，要用铁皮挡住压缩机和后箱底部，以免烧坏箱体漆层及压缩机接线柱。将拔出的紫铜管回收，可采用火法冶炼回收再利用。

（2）拆解过程

1）一般用手工工具（套筒扳手、螺丝起子、杠杆）就能拆除，若螺丝锈得很紧，则用锤子断开螺丝的连接或是用锯、气凿、乙炔焰断开，也可用等离子体焰炬或自动发动机拆卸器完成；

2）新型的冰箱多采用弹簧夹连接发动机和框架，通过螺丝起子或钳子就可以拆下弹簧夹，如果被冻结，就用一对斜纹刀具切断弹簧夹。

3.1.2.8　聚氨酯硬质泡沫绝热中间层的破碎

拆下冰箱门上的内胆，挖掉中间的聚氨酯发泡绝热层。

早期生产的冰箱，绝热层内含有大量的氟利昂，需收集回收。回收方法是在密闭装置中将绝热层聚氨酯硬质泡沫粉碎、风力回收收集，将释放的氟利昂用活性炭吸附收集回收、压缩、液化，进行无害化处理。近年来，绝热层内多用的是发泡剂，可用四辊冰箱箱体破碎单机进行破碎。

3.1.2.9　剩余的以塑料为主的冰箱壳体的破碎

冰箱的外壳、门壳一般都用厚度为 0.6~1mm 的冷轧钢板制成。内胆一般为 ABS 板或 HIS（高强度聚苯乙烯）板，厚度一般为 1mm 以下。

破碎是电子废物机械处理技术中最常用的预处理工艺。其目的是使各种组分分离，由于电子废弃物中各种组分之间的结合力非常小，因而一般在破碎阶段就可获得相当高的金属与非金属的单体解离度。对于冰箱箱体的破碎，首先可使用江西铭鑫冶金设备有限公司生产的四轴多功能破碎机进行一次破碎，然后将余下的箱体及门进行二次破碎；或使用双轴撕碎机、辊轮破碎机分别进行一次破碎和二次破碎。通过对电子废弃物的分选，我们可以把电子废弃物中可回收利用的或不利于后续处理、处置要求的物料组分分离出来，这是电子废弃物处理过程中的重要环节之一。

洗衣机、电视机、电脑、手机在拆解后，进行的破碎处理与冰箱相同，下面就不进行一一介绍了。

3.1.3　压缩机及冷冻油的开发应用

压缩机是冰箱的关键部件。通常所使用的压缩机与电机连成一体，电机直接带动压缩机且共同装在一个封闭的钢制外壳内，即全封闭制冷压缩机。我国生产的冰箱大部分采用曲柄滑管式压缩机，它主要由曲柄滑管、气阀、气缸体、曲柄轴、机座等组成。检测拆解下的压缩机，若能使用，就直接翻新销售；若不能使用，则进行进一步拆解、破碎。

3.1.3.1 压缩机的拆解

(1) 倒出冷冻油

倒置压缩机，流出冷冻油进行单独收集，储存在专用容器内。容器应完好、坚固、防渗漏。得到的冷冻油可用于燃烧压缩机油回收能量，即在许可的危险材料燃烧器（如水泥炉）中进行高温燃烧；蒸馏分离去除氯重复使用，即采用蒸馏设备将压缩机油加热到沸点，使压缩机油从杂质中分离出来。所以要将收集的冷冻油送往相关企业，在危险废物焚烧设施中进行高温燃烧处理。

(2) 润滑油的排放

排放润滑油可通过在压缩机底部钻小孔实现，颠倒压缩机和滤污器的位置，润滑油会从小孔流出，筛后流入废油收集桶。也可采用真空泵抽出压缩机润滑油。

(3) 剖开机壳

压缩机外壳钢板厚3mm，是坚固部件。主要有两种方法将其剖开：一种是用车床车剖开，把压缩机用螺栓固定在专用法兰卡盘上，然后把法兰卡盘卡装在车床上，沿焊口车剖开；另一种用钢锯锯割，把压缩机固定在锯割专用架上，用手锯沿焊缝割开。锯割前可先用砂轮磨去焊缝表面的淬火层。一般沿圆周锯4～5mm深，如锯得太深容易使过多的锯屑落入机内。国外通常采用低温破碎技术粉碎压缩机。低温破碎就是利用物质低温变脆的性能施行破碎，即利用不同废物脆化温度的差异性在适当的低温下选择性破碎。其优点是所需动力较低，仅为常温破碎的1/4；噪声降低，振动减轻为常温破碎的1/5～1/4；同一材质破碎后粒度均匀，异质废物则有不同的破碎尺寸，便于筛分；对于常温下极难破碎并且塑性极高的氟塑料废物，采用液氮破碎能获得碎块粉末。低温破碎在废旧家电回收过程中主要用于对难破碎的塑料和钢铁进行破碎。

(4) 拆解零部件

开壳后，用"冲子"将固定弹簧挂钩的三个压点用力冲开，再用大起子将三只弹簧钩撬松。

1) 将固定高压输出缓冲管的螺丝和卡子松开并拿下，然后将其弯向机壳一侧，这时可将内部机芯整体拿出；

2) 将固定汽缸体的4颗螺丝拆下，缸体就可从机座上取下；

3）用螺丝刀将固定汽缸盖的4个螺丝钉拧下，即可将汽缸盖拆开，将固定在压缩机缸体上的高、低压气室端盖拆下，即可将高、低压阀板、阀片和阀垫取下；

4）再从汽缸内取出活塞和滑块；

5）拆卸电动机：将固定电动机定子和端盖的螺丝拆下，电动机定子和线包就与端盖及电动机转子分开了；

6）拆曲轴：先用小锤将曲轴下端的吸油嘴敲下来，把曲轴夹在老虎钳上，在曲轴顶端套入一个粗铁管，夹紧后用力转动手柄，即可将曲轴、机座和转子完全分开；

7）压缩机、电动机的破碎，采用液氮在−190℃下低温破碎。

3.1.3.2　破碎及分类收集再利用

破碎有常温和低温两种途径。对于金属块状物的压缩机、电动机用破碎机常温破碎耗费的动力非常大，而且破碎后的混合金属材料难以分离，不利于分拣精度的提高；采用液氮在−190℃的低温冷却下，利用铁的低温脆性破碎压缩机和电动机，铁与非铁金属可以很容易地分离，而且破碎消耗的能量是常温破碎的1/3～1/2。对压缩机和电动机破碎后，进行筛选和分类收集金属与非金属，主要为铁、铜、铝等。这些金属可以送往相应的工厂，成为加工铁、铜和铝的原材料。

3.1.4　废弃制冷剂的开发应用

冰箱和空调器制冷剂回收利用是回收处理的第一步。冰箱和空调器在使用和维修过程中，需要对制冷剂进行回收、净化或加注。我国的制冷剂回收利用技术比较成熟，但到目前为止，我国还没有一套示范应用的冰箱回收利用线，因此制冷剂回收利用技术和设备尚未在回收处理领域中推广。冰箱所用的制冷剂主要有四类：氟利昂12（R12）、混合工质（R152a/R22）、R134a和R600a。R12是早期使用的制冷剂，我国于2007年已停止了R12制冷剂的生产以及在新制冷空调设备上的初装，R12已属于国际和我国禁止使用的冷媒物质，后期已经被R22、R134a和R600a所替代。CFC类物质（chlorofluorocarbon，氟氯烃），商品名为氟利昂（Freon），因在压力升高时容易液化、压力降低时容易气化，故广泛用作制冷装置的制冷工质。我国目前废弃冰箱、空调器压缩机中的制冷工质主要为CFC-11和CFC-12，冰箱绝热层的聚氨酯发泡塑料普遍采用CFC-11作为发泡剂，氟利昂的直接排放对臭氧层的破坏和加剧温室效应影响较大，因此应合理回收。

在废弃冰箱开发应用过程中，需要对制冷剂进行收集、处理。处理的方法主要包括销毁和回收再利用。

3.1.4.1 制冷剂的收集

对废弃冰箱内的制冷剂首先进行集中收集，然后对其进行处理。

收集是指将系统内的制冷剂转移到可重复充装的制冷剂钢瓶内，避免制冷剂随意流出造成污染。

3.1.4.2 制冷剂的处理

（1）制冷剂的销毁

当制冷剂受到严重污染或混有其他制冷剂时，不可能对这些制冷剂进行有效的再生处理。由于CFCs制冷剂稳定性很强，所以要销毁它们是一件十分困难的工作。有时，制冷剂中含有其他化合物杂质，因而制冷剂的再生以及将制冷剂和杂质分离开来是不可能的。一旦CFCs制冷剂受到污染或混有杂质，绝对不能再使用它们。唯一的处理方案是销毁该制冷剂，而且只能采用一种昂贵的方法，即将它们焚烧。由于CFCs制冷剂的固有稳定性，以及在焚烧过程中会释放氟，所以要销毁它们是很困难的，而且焚烧过程中放出的氟必须要加以保存。所以建议最好选择把被废弃的制冷剂送到权威的处理机构加以焚烧。

（2）制冷剂的回收

回收是指将系统内的制冷剂转移到一可重复充装的制冷剂钢瓶内，回收的制冷剂在返回系统前，可能需要做进一步处理。对氟利昂制冷剂的回收方法有气体回收方法、液体回收方法及复合回收方法三种。

a. 气体回收方法

气体回收方法包括冷却法、压缩法。冷却法：使用独立的制冷循环冷却回收容器，当回收容器内氟利昂气体液化后，回收容器内的压力比被回收制冷剂系统内的压力低，依靠压差和冷却，被回收制冷剂系统内的氟利昂气体向回收容器中转移，继而被液化。压缩法：与冷凝机组原理相同，被回收制冷剂系统的氟利昂气体被直接吸入到压缩机压缩，然后在冷凝器中液化，再充入到回收容器中。

b. 液体回收方法

液体回收方法包括加压法和吸引法。加压法：在被回收制冷剂系统的液体氟利昂部分开一回收口，用软管与回收容器相连接，然后在被回收制冷剂系统的液面上加压，使液体氟利昂流到回收容器中。吸引法：在被回收制冷剂系统的液体氟利昂部分开一回收口，用软管与回收容器相连接，然后在回收容器上抽真空，靠压差把被回收制冷剂系统内的液体氟利昂吸到回收容器内。液体回收方法主要适用于使用 R11 等低压制冷剂的大型系统氟利昂回收。

c. 复合回收方法

复合回收方法的主要特点是适用于氟利昂充装量大的系统；回收时间短；回收的氟利昂是污染的，要求对制冷剂进行再生处理。

我国制冷剂回收所使用的设备包括由信息产业部十二所研发的 ZJH 型、ZHJ 型制冷剂回收机以及由上海第二军医大学制冷技术中心和香港建力有限公司合资组成的上海阳光通用机械有限公司在国内首创的 FH-II 型便携式制冷剂回收净化装置。国外的设备包括日本的半自动装置，使制冷剂和冷冻油一起回收，而对制冷剂的每个品种分别回收；此外还有美国罗宾耐尔（Robinair）公司和瑞富（Refco）公司的回收机。我国已可以自主研发制冷剂回收机，但相较于国外可生产的回收机类型（便携型、车载型等）仍存在差距。

（3）制冷剂的提纯

制冷剂提纯的方法有简易再生方法和蒸馏再生方法。简易再生方法装置小，适用于小量再生，产品只能在原设备中再利用，应用普遍；蒸馏再生方法分为简易蒸馏和蒸馏精制，蒸馏精制费用高，不适合回收少量的氟利昂制冷剂。不同氟利昂制冷剂再生方法的能力比较见表 3-1。由表中可看出，蒸馏精制再生更能有效地处理各种不纯的氟利昂制冷剂。在对废弃冰箱处理过程中收集到的制冷剂，可进行集中储存、处理，所以建议使用蒸馏再生方法。

表 3-1　不同氟利昂制冷剂再生方法的能力比较

混入氟利昂的不纯物	简易再生		蒸馏精制再生	
	一次通过式	循环式	简易蒸馏	蒸馏精制
水分	*	**	**	***
油	*	*	***	***
颗粒	*	**	**	***
酸分	*	*	*	***
不凝性气体	—	—	**	***
蒸发残留物	—	—	**	***
氟利昂分解生成物	—	—	**	***
不同种类的制冷剂	—	—	—	**

***优秀；**良好；*有能力

资料来源：俞炳丰和彭伯彦，2007

3.1.5　废弃发泡剂和聚氨酯的开发应用

冰箱隔热层（聚氨酯）及冰箱拆解后产生的大量形状各异、尺寸不一的硬质聚氨酯物料，都必须经过粉碎减容处理，供下一步深度利用（如制作轻质隔热、隔音复合板或塑胶跑道等）。

聚氨酯隔热层内的发泡剂回收处理技术为：在密闭负压环境下的专用设备中将其粉碎，经过加压、降温、冷却液化逸出 R11，液态 R11 经过气液过滤器过滤，装入储罐中。随着使用环戊烷作为发泡剂的废弃冰箱越来越多，在发泡剂回收处理过程中，还要考虑环戊烷发泡剂的易燃易爆特性。

3.2　废弃洗衣机的开发应用

3.2.1　废弃洗衣机的成套回收处理方式

洗衣机中的材料组成基本上为金属和塑料，其拆解和处理比较简单，成套回收处理过程同样包括拆解、粉碎、区分、回收再利用等步骤。洗衣机按其结构可分为三种类型：波轮式、滚筒式、搅拌式；按自动化程度可分为：普通型、半自动型、全自动型。目前，市面上常见的洗衣机主要有普通型双桶波轮式洗衣机、全自动套桶波轮式洗衣机、全自动滚筒洗衣机和套桶搅拌式洗衣机。其具体结构如下。

3.2.1.1　普通型双桶波轮式洗衣机

（1）洗涤部分

洗涤部分包括洗涤桶、波轮、波轮轴及轴套、循环水系统等。

1）洗涤桶：洗涤桶材料有铝合金、不锈钢、搪瓷桶、塑料桶等。

2）波轮：波轮在洗涤桶内的放置位置有两种，一种是竖直放置，波轮轴线与洗涤桶中心线重合；另一种是倾斜放置，波轮轴线与洗涤桶中心线成 8° ~ 15° 角。波轮的材料一般为 ABS 工程塑料或改性增强聚丙烯塑料。

3）波轮轴及轴套：波轮轴上方与波轮螺钉连接，轴上有紧固大皮带轮用的螺钉孔，轴孔中埋有一金属镶件。波轮轴的材料一般为不锈钢或表面经渗氮处理的 35#、45# 钢。波轮上下两个含油轴承与轴套连接。轴套内装有轴承、密封圈（常为丁腈橡胶）、润滑油（常为钙基润滑脂）、毛毡等零件。轴套的材料一般为增强尼龙和增强聚丙烯。

4）循环水系统：循环水系统内有连接软管和毛絮收集器网袋，连接软管的材料为塑料，毛絮收集器网袋的材料为尼龙。

（2）脱水部分

脱水部分包括脱水内桶、刹车机构、减振装置及喷淋管等。

1）脱水内桶：安装于脱水外桶内，通过橡胶囊、联轴器与脱水外桶连在一起。脱水内桶的材料一般为塑料（ABS、聚丙烯）或搪瓷。桶底通过螺钉与联轴器相连，联轴器的轴穿过橡胶囊插入到刹车鼓中与脱水电动机轴相连接。

2）刹车机构：包括刹车环、刹车块、弹簧、刹车压板、刹车挂板、挂钩、刹车鼓等。刹车挂钩的弯头套在刹车挂钩的挡块上，刹车挂钩下端钩在刹车挂板的小圆孔内。刹车鼓放置在刹车盘上方，电动机轴通过紧固螺钉与刹车鼓相连接。刹车盘通过 3 个紧固螺钉固定在脱水电动机的上端盖上。刹车块常用的材料为增强聚丙烯、增强尼龙、增强橡胶等；刹车鼓常用的材料为钢板、铸铝、铸铁；刹车盘常用的材料为镀锌钢板。

3）减振装置：在脱水部分设有两套减振装置，分别为减振弹簧支座和橡胶囊减振装置。减振弹簧支座安装于脱水电动机底部与洗衣机塑料底座之间，由上、下支脚及弹簧、橡胶套组成，其中支脚的材料一般为聚丙烯或胶木；橡胶囊减振装置安装于脱水外桶的底部圆孔处，材料一般为氯丁橡胶。

4）喷淋管：通过喷淋管座、弹簧座、套管、座套安装于脱水内桶底部。喷淋管的材料主要为聚丙烯。

（3）进排水部分

进水部分靠一根进水塑料软管完成。排水部分分为两种，分别为洗涤桶外排水结构和洗涤桶内排水结构。

1）洗涤桶外排水结构：安装于洗涤桶下方，主体为一个四通阀，四个管口分别同洗涤桶排水管、洗涤桶溢水管、脱水桶排水管及洗衣机排水管相连通。四通阀的材料一般为橡胶。

2）洗涤桶内排水结构：将排水系统、溢水系统和强制水流循环系统集中在一起，安装于洗涤桶内的空隙处。

（4）电机及传动部分

波轮式洗衣机一般采用的为单相电容运转式电动机。

1）电动机：分为洗涤电动机和脱水电动机。其结构、工作原理相同。电动机主要由定子、转子、电机轴、风扇等零件组成。定子由定子铁心和定子绕组组成。转子由转子铁芯和鼠笼组成。定子铁芯和转子铁芯的材料一般为硅钢片。转子与电动机轴连成一体，电动机轴的材料一般为45#钢。风扇安装于电动机上方，与皮带轮成一体，其材料一般为钢、塑料或铸铝。电动机的上下端盖用螺栓与机体连接，材料一般为铸铝或钢。

2）传动部分：主要为与传动轴相连的大皮带轮和小皮带轮。

（5）控制部分

控制部分主要的控制器件有洗涤定时器、进水电磁阀、水流转换开关、脱水桶盖开关、脱水定时器。

（6）外箱及底座

外箱的材料一般为钢或铝合金。底座的材料一般为聚丙烯。

3.2.1.2 全自动套桶波轮式洗衣机

（1）离心桶

离心桶内壁设有多条凸筋、回水管，底部装有连接盘，上部装有平衡圈。

（2）离合器

离合器分为普通型离合器和减速离合器。

1）普通型离合器：由脱水轴、洗涤轴、抱簧、扭簧、刹车盘、刹车带、壳体、上盖、棘轮组成。洗涤轴和脱水轴是同心结构，复合在一起，洗涤轴上端固定波轮，下端安装皮带轮。脱水轴上端固定离心桶，下端与离合套相接触，离合套下部与皮带轮相接触。抱簧装在棘轮孔内，扭簧装在刹车盘上方。刹车带一端固定在离合器壳体上，另一端与摆动板连接。

2）减速离合器：洗涤轴有两根，洗涤传动轴和齿轴。洗涤传动轴一端用花键插入行星机构的传动盖里，另一端固定波轮。齿轴一端是恒星齿轮，另一端与离合器用圆锥销连接为一体。脱水轴与刹车盘固定。

（3）程控器

程控器有机械电动式、单程序控制器和电脑三种。

（4）排水系统

排水系统由进水阀、水位压力控制开关、牵引电磁铁、排水阀组成。

3.2.1.3　全自动滚筒洗衣机

（1）洗涤部分

洗涤部分由内筒、外筒、内筒叉形架、外筒叉形架、滚动轴承等组成。

1）内筒及内筒叉形架：内筒的材料一般为不锈钢，内筒叉形架的材料一般为铝合金。

2）外筒及外筒叉形架：外筒的材料为钢，由异形密封圈（三元乙丙橡胶）与外箱体连接。

（2）传动部分

传动部分由双速电机、小皮带轮、电容器、大皮带轮、三角皮带等组成。

（3）支承部分

支承部分由四个拉伸弹簧、弹性支承减振器、外箱体及四个底角等组成。

（4）给排水系统

其结构按连接顺序依次由进水管、进水电磁阀、洗涤剂盒、溢水管、回旋进水管、排水波纹管、过滤器、排水泵连接管、排水泵、排水管等组成。

（5）加热装置

加热装置装在内筒与外筒之间的底部。

（6）控制部分

控制部分包括程序控制器、水位控制器、水温控制器和门开关。

（7）操作盘

操作盘用来安装程序控制器、琴键开关、指示灯、操作指示标牌等。

3.2.1.4　套桶搅拌式洗衣机

一般搅拌式洗衣机由内桶、外桶、搅拌波轮、电机还有电脑控制器等组成。搅拌式洗衣机的缺点是用水量大、洗涤时噪声高，目前在我国普及率不高。

不同结构的废弃洗衣机内可回收利用及便于手工拆解的零部件大致有电动机、离合器、各种程序控制器、各种开关、排水泵、机框。其成套回收处理流程如图 3-2 所示。

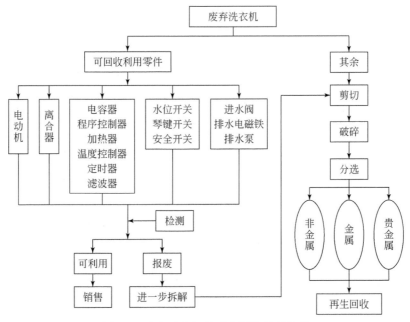

图 3-2 废弃洗衣机的成套回收处理流程

3.2.2 拆解技术

3.2.2.1 普通型双桶波轮式洗衣机

（1）机框的拆解

用十字螺丝刀取下后盖板紧固螺钉，卸下后盖板；从洗衣机塑料底座下部，用螺丝刀拧松 3 个减振弹簧下支架的紧固螺钉，使下支座与塑料底座脱开。

（2）进水系统各部件的拆解

排水拉带：用食指和中指钩住洗涤桶内溢水过滤罩上方的两个圆孔，轻轻用力向外拉出溢水过滤罩，露出排水阀架和排水拉带。用左手食指下压排水阀杆上方的阀架下勾，使排水拉带与挂钩脱开，向外拉出排水拉带。

流水盒：用十字改锥取下三角底座与连体桶连接的自改螺钉，将三角底座及其连在一起的控制盘转动角度移动，即露出三角底座下方的流水盒，向上将流水盒取出。

注水盒：用十字改锥取下连接控制盘和三角底座的自攻螺钉后，在三角底座上取下控制盘，便露出了安装于三角底座上的注水盒，将注水盒的注水转换拨杆拨到正中位置，然后按下注水盒卡爪，使其从导向孔中脱开，转动注水盒手柄至三角底座的缺口处，向下可取出注水盒。

（3）排水系统各部件的拆解

平板弹簧片：从控制盘背面的长槽处取下平板弹簧片。

排水旋钮：从控制盘的正面，用手指拿住排水旋钮，向外拔出。

排水拨杆：用一字头改锥将排水拨杆的卡爪由外向圆心推，使排水拨杆卡爪从控制盘圆孔处脱开，从控制盘背面取出排水拨杆。

排水阀弹簧：卸出流水盒后，向上取出排水阀杆上端的排水阀弹簧。

排水阀杆组件：用手捏住排水阀上部，向上取出排水阀杆组件。将排水阀杆下端的橡胶密封圈向外向下用力取下。

（4）波轮的拆解

用改锥将固定波轮的紧固螺钉卸下，然后取出垫圈和波轮。

（5）电动机的拆解及破碎

洗涤电动机的拆解：用手慢慢转动皮带，同时用螺丝刀从小皮带轮处向下撬皮带，使皮带脱出小皮带轮导槽，便可卸下皮带。用专用的套筒扳手或活动扳手，卸下紧固小皮带轮与电动机轴的螺钉和防松螺母，然后卸下电动机小皮带轮。用专用的套筒扳手或活动扳手，卸下连接大皮带轮与洗涤轴的紧固螺钉和防松螺母。双手握住大皮带轮的外缘，用力向下拉，大皮带轮即可与洗涤轴脱开。用十字螺丝刀和活动扳手卸下固定洗涤电动机下端盖的 3 只螺丝钉。解开或拔下洗涤电动机的引出线连接头，取出洗涤电动机。

脱水电动机的拆解：从后面敞口处取出脱水电动机，然后拧松 3 个减振弹簧上支架的紧固螺钉，使上支架与脱水电动机脱开。用螺丝刀和活动扳手将紧固联轴器与脱水电动机轴的紧固螺钉和防松螺母松开。用螺丝刀卸下固定刹车片与脱水电动机上端盖的 3 只紧固螺钉，使刹车片与脱水电动机分离。

电动机的破碎：将固定电动机定子和端盖的 4 颗螺丝拆下，电动机定子和线包就与端盖及电动机转子分开了。电动机的破碎采用液氮在$-190℃$下低温破碎。

（6）脱水系统的拆解

喷淋管：左手按住脱水内桶，不让其转动，右手握住喷淋管上端，用力下压的同时逆时针方向旋转喷淋管，喷淋管即弹出，取下。

脱水内桶：取下喷淋管管套，用改锥卸下脱水内桶与联轴器连接的 4 个紧固螺钉，双手扶住脱水桶稍倾斜往外提，即可取出脱水桶。

联轴器：从后盖板敞开处，用专用的套筒扳手或活动扳手，将联轴器与刹车鼓连接的紧固螺钉、防松螺母拧松，使联轴器与刹车鼓脱开。拿住联轴器的圆盘用力往上提，即可取出联轴器。

橡胶囊组件：用手按住脱水外桶安装台上的橡胶囊组件从脱水外桶下方脱出。从敞开的后盖板处，一只手将刹车鼓推向一旁，另一只手将橡胶囊组件向下提出。

（7）控制系统的拆解

拆卸安全（盖）开关：先用螺丝刀拧下连接三角底座和连体桶的 5 个自攻螺钉，将三角底座连同控制盘一起移开，再拆下连接其两件的 3 个自攻螺钉，移开控制盘，就能从三角底座上卸下脱水安全（盖）开关。

拆卸洗涤定时器的方法：用左手勾住固定洗涤定时器的卡爪，右手拿住洗涤定时器并用力下压，同时顺时针旋转，使洗涤定时器从控制盘上脱下。用同样的方法就可卸下脱水定时器。

3.2.2.2　全自动套桶波轮式洗衣机

（1）机框的拆解

卸下工作台与箱体固定螺钉。用十字螺丝刀将洗衣机后盖上的固定螺丝拆下，取下后盖板。

（2）波轮的拆解

先用十字螺丝刀旋松波轮螺钉，然后用手提螺钉头，即可将波轮提起。如果提不起，可用扁口螺丝刀从波轮边缘几个位置处撬动，然后再提螺钉头。如果仍提不起波轮，可用塑料包装带之类的带子从波轮和桶的缝隙中穿进去（最好用两根，从两边穿进），套住波轮往上提，就可将波轮提上来。

（3）离水桶的拆解

用改锥卸下盛水桶上口部的密封圈，然后用 7in 管钳或专用扳手（对面尺寸为 39mm 的套桶扳手）卸下固定离心桶的六角特殊螺母，取出止推垫片，握住平衡圈上提，取出离心桶。

（4）盛水桶的拆解

首先将相关水管和部件与盛水桶分离，再卸下底盘与盛水桶连接的螺钉即可。最后拆下盛水桶底部的 4 个螺钉，拆下大油封。

（5）离合器的拆解

普通型离合器：卸下三角皮带后再卸 4 只 M8×16 的离合器固定螺钉，取下护架；卸下三角皮带，然后拧下 4 个紧固螺钉，即可将离合器从箱体下部取下（可用梅花扳手拆 M8 螺钉）。

减速型离合器：将减速器上护架上的螺钉拧松，取下护架；卸下三角皮带，然后拧松 4 个紧固螺钉，取下减速器。

离合器的分解：先用 M13 套筒梅花扳手松开离合器皮带轮固定螺钉，卸下皮带轮；再用一只手捏紧外轴，另一只手波动棘轮使之从轴上退出，取出抱簧；松开离合盖板与离合器壳体的固定螺钉，卸下盖板，便可将洗涤轴和脱水轴部件从离合器上部取出。

（6）电动机、排水电磁铁和排水阀的拆解

1）电动机、电磁铁都固定在底盘上。先取下三角皮带。卸出电动机和电磁铁底脚上的固定螺钉，将电动机轻轻摇晃几下，即可取下电动机。

2）拆卸电磁铁时，用尖嘴钳将衔铁上的开口销拔下，卸下固定电磁铁的螺钉，即可将电磁铁取下。

3）拆卸排水阀时，先用尖嘴钳将连接电磁铁衔铁的开口销拔下，然后旋转排水阀盖，握住阀盖往外拉，即可将排水橡胶阀连同电磁铁拉杆等一起取下。

3.2.2.3　全自动滚筒洗衣机

（1）机框的拆解

用十字螺丝刀卸下洗衣机上盖后边的两个固定螺钉，就可取下上盖。用十字螺丝刀将洗衣机后盖上的固定螺丝拆下，取下后盖板。

（2）程序控制器的拆解

用十字螺丝刀卸下洗衣机上盖后面的两个固定螺钉，取下上盖。用螺丝刀从程序控制器旋钮的后面将程序控制器旋钮向外推出。松开导线捆扎线，使连线处于自由松散状态。用十字螺丝刀将安装程序控制器的两个螺钉松下，就可将程序控制器从操作盘上拆下。

（3）电容器、滤波器、各种开关的拆解

琴键开关：用十字螺丝刀将固定在琴键开关支架上的两个螺丝卸下，就可将琴键开关取下。

门开关：用一字螺丝刀将门密封圈夹缝中的钢丝卡环取出，将密封圈脱下。用十字螺丝刀卸下门开关固定架上的螺钉，取出门开关。

水位开关：拔下水位管与水位开关的透明塑料连接管。用十字螺丝刀卸下电器板上固定水位开关的螺丝，即可将电容器、滤波器和水位开关取下。

(4) 双速电动机的拆解

拆下三角皮带。用专用套桶扳手或活动扳手，将固定电动机的螺母拆下，拔出电动机螺杆。将电动机拆下并倾斜，然后从后盖板处用一字螺丝刀将电动机地线拆下，就可从洗衣机上卸下电动机。

(5) 外桶叉形架的拆解

用专用套桶扳手将皮带轮与内筒轴的连接螺钉卸下，取下大皮带轮。用万向内六角套桶扳手将外筒叉形架与外筒的连接螺母、螺栓卸下。用橡胶锤敲击内筒轴，使内筒轴脱离外筒叉形架的轴孔，然后用力向上抬起外筒叉形架，并转动一定方向，取下外筒叉形架。

(6) 洗涤剂盒的拆解

用十字螺丝刀将洗涤剂盒上固定在箱体上的螺钉拆下，即可从操作盘中取出洗涤剂盒。

(7) 进水阀的拆解

用一字螺丝刀将固定进水阀的两个螺丝从箱体上卸下，就可将进水阀取下。

(8) 加热器和温度控制器的拆解

拔下加热器和温度控制器上的插线。旋松加热器中间螺母，就能将加热器抽出。用一字螺丝刀将温度控制器从衬托内撬出。

(9) 排水泵的拆解

拔下排水泵上的两根插线。用专用套筒扳手卸下排水泵安装座与箱体下面梁的固定螺钉。用一字螺丝刀松开排水泵与排水管及排水泵连接管的卡圈。拔下排水管及排水泵连接管，就可将排水泵取下。

3.2.3　电动机的开发应用

电动机的开发应用与压缩机相类似。详见 3.1.3 节中压缩机的开发应用。

3.3　废弃电视机的开发应用

3.3.1　废弃电视机的成套回收处理方式

电视机主要由显示器、外壳、电路板和频道线圈 4 部分组成。显像管是传统电视机的一个重要组成部分，也是电视机回收处理的核心部件。显像管中含大量的铅、汞等有害物质，并且具有一定的放射性，被视为危险部件，在回收处理时需要专业的无害化处理，否则大量的有害物质会流失到水和土壤中，造成水土环境污染。

废弃电视机的成套回收处理过程同样包括拆解、粉碎、分选、回收再利用等步骤。具体手工拆解的零部件清单如下：外壳、显像管、频道线圈、底板（电路板）。

废弃电视机的成套回收处理流程如图 3-3 所示。

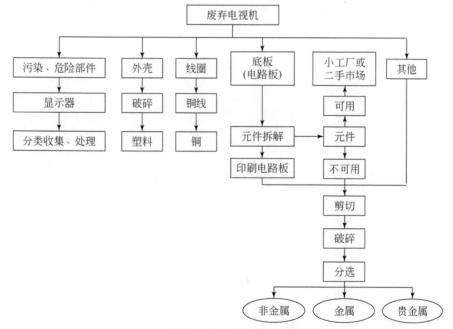

图 3-3　废弃电视机的成套回收处理流程

3.3.2 拆解技术

3.3.2.1 外壳的拆解

电视机的机壳一般包括前壳和后盖两部分。电视机的大部分部件都以各种不同的方式固定在前壳上，前壳不仅是机内元件的重要保护外壳，也是连接这些元器件的桥梁和固定元器件的骨架。一般拆解后盖即可将机内零部件拆下。

拆去电视机外壳的螺丝，即可取下后盖。废弃电视机的外壳大多数为塑料，成分较单一，可以单独分类收集，便于后续对塑料的回收再利用。

3.3.2.2 显示器的拆解

以最常见的 CRT 显示器为例加以介绍。CRT 显示器一般由显像管、电路板、屏蔽罩、机箱等几部分组成。显示器拆解步骤如下：

1）从显示器上拔下数据线和电源线，并将其统一归为数据线类收集。

2）显示器后盖的拆解。显示器的机箱一般由面板（前框）、中框和后盖三部分组成。对于采用螺丝的显示器可用螺丝刀从后盖上卸下固定螺丝。对于无固定螺丝的显示器，可先找出固定后盖的卡口，然后用一字螺丝刀将卡口按下，或用手将卡口的锁定柱捏住，即可从显示器上将后盖卸下。

3）屏蔽罩的拆解。目前几乎所有的显示器中都有屏蔽罩，它是为了让外界电磁场对显示器的干扰尽可能小，从而使显示图像更加逼真。拆解时只需在后盖打开的情况下，将其拿起即可。

4）电路板的拆解。机芯与显像管之间的连接导线其长度有一定富余量，这是为了让机芯在取出时有一定的活动余地。大多数机芯采取卧式安装，左右两边用滑槽或导轨支承和固定。机芯取出时一般按下列步骤：①取掉机芯与消磁线圈、偏转线圈的连线，这个部件内含大量的铜线圈，也是非常重要的回收材料，可以人工初步筛选收集。②拔掉显像管的管座。拆解时向后垂直用力。③卸下阳极帽。在拆解阳极帽时要注意：若显示器刚刚工作过，则阳极上往往有很高的残留电压，为避免电击，要先进行高压放电；同时拆解时还要注意不要碰坏高压嘴。

5）显像管的拆解。拆解显像管时须注意显像管易破碎。具体拆解步骤如下：①从显像管体上取下消磁线圈。②卸下固定显像管和地线的 4 个螺丝。③拆除显像管上的接地线。④最后抓住显像管对角两个固定螺丝的金属防爆罩，取下显像管。

显像管是电视机回收中的有毒有害部件，取出的显像管应该小心的分类收集，也便于后续对显像管的资源化处理。

3.3.2.3 频道线圈的拆解

在 CRT 内含大量的铜线圈，也是非常重要的回收材料，在拆解的同时可以人工初步筛选收集铜线，便于后续对铜的回收再利用。

3.3.2.4 底板（电路板）的拆解

电路板上含有许多的电子元件。根据电子元件的连接特征，采用机械力、切割、加热以及化学方法可以完成大部分拆解过程。拆解时采用同时拆解的方法，同时加热整块基板融化焊剂，从而使元件从板上同时剥落下来，然后再将元件分类处理，此法效率高，但对元件的损坏率较高。

其余部分将通过剪切、破碎或粉碎的方式，实现金属与非金属的解离。最后根据材料的粒度、形状、密度、磁性、电导率等差异，选用电选、磁选、风选等方法，实现金属富集体与非金属富集体的有效分离。

3.3.3 显示器的开发应用

随着科学技术的发展，更亮、颜色更多的显示器被制造出来，液晶也开始被应用于电视显像技术，电视机从阴极射线管（CRT）电视机发展到液晶电视机、等离子电视机等薄型电视机。电视机的结构和使用的原材料也发生了变化。电视机的显示器主要可以分为阴极射线显像管（CRT 显示器）和液晶显示器（LCD）。

由于 CRT 显示器和 LCD 显示器的组成和成分都不一样，下面将分别介绍两种显示器的回收。

3.3.3.1 CRT 显示器的回收

CRT 显示器逐渐被 LCD 显示器所代替，大量报废 CRT 显示器需要进行回收处理。

（1）CRT 显示器的结构

CRT 分为黑白和彩色两类，其构造大致相同。彩色 CRT 显示终端主要由电子枪、偏转线圈、荫罩、功能性涂层和玻璃外壳等组成。玻璃外壳简称玻壳，又分为玻璃屏、玻璃锥和玻璃管颈三部分，它们通过低熔点的玻璃焊料熔接为一体。黑白 CRT 结构相对简单，与彩色 CRT 相比，无防爆钢圈、荫罩等部件。彩色 CRT 玻壳内表面有各种功能性涂层。屏玻璃内表面依次有四层涂层，最内层是石墨炭黑层，用以在屏玻璃表面形成亮带；接着是 R.G.B 三色荧光粉涂层；然后是蜡克漆涂层，将内部两涂层材料平滑封闭；最外层是铝膜导电层，用以提高显示亮度和对比度。锥玻璃内表面为氧化铁层，外表面为石墨层。屏玻璃的厚度为 6~19mm，锥玻璃较薄，厚度为 6~13mm。

（2）CRT 材料的组成

CRT 显示器中显像管主要是玻璃和金属，其中玻璃占整机重量的 1/2 以上，显像管中还含有锶、钠、铅、钾、锌、镉、锰等几十种金属，具有很高的回收再利用价值，此外显像管含铅量较高，需要对其进行安全处置。

黑白 CRT 和彩色 CRT 在玻璃材料组成上存在较大差异。黑白 CRT 玻壳由均质材料组成，均为不含铅的碱性铝硅酸盐，但含有钡、锶、锆等金属以吸收 X 射线辐射。彩色 CRT 玻壳各部位的材料组成不同，主要体现于含铅量的差异上。显像管由管屏、管锥和管颈三部分组成，管屏与管锥之间用玻璃焊料焊接。显像管屏玻璃中不含铅，而管锥、颈中的铅含量高达 20% 以上，焊缝焊料中铅含量更是高达 80% 以上。

目前，我国的各回收公司、网点几乎不回收散落在社会的碎玻璃和显像管，致使大量废旧显像管被视作普通废弃物投入日常生活垃圾中。由于显像管玻璃中（集中在锥、颈、焊缝部位）含有 20% 以上的重金属铅等成分，CRT 中含有铅、镉、塑料（生产和焚烧时会产生二噁英和呋喃）、汞、六价铬、钡、铍、荧光屏、溴化阻燃剂等有毒物质，若不能回收妥善处置、任意散落在周围环境中，势必会造成重金属铅等对环境安全的严重威胁和大量资源的流失。随着数字电视、液晶、等离子电视的快速推出，在未来的 10 年内将有数亿台显像管电视面临着更新和淘汰。按一台电视机 CRT 含铅量在 1~2kg 测算，数亿台电视机显像管就含有上万吨铅及荧光粉等多种有毒有害物质。积极开发行之有效的 CRT 玻璃资源化、无害化处置技术实属当务之急。

（3）CRT 回收流程

废弃 CRT 可分为生产过程中的报废 CRT 和从用户回收来的废弃 CRT 两类。生产过程中产生的报废 CRT 量较小，一般可重新作为原料返回原制造流程用以生产新的玻壳。从居民家庭和各种非居民用户回收集中的报废 CRT，一般需经过拆解、清洗等预处理后再进行进一步处理与处置。CRT 的回收主要可以分为三步：显像管的屏锥分离、荧光粉等涂覆材料的去除和材料再生利用。CRT 处理工艺流程如图 3-4 所示。

a. 显像管的屏锥分离工艺

释放废弃 CRT 玻壳的真空状态是屏锥分离的第一步，一般可用小锤敲击电

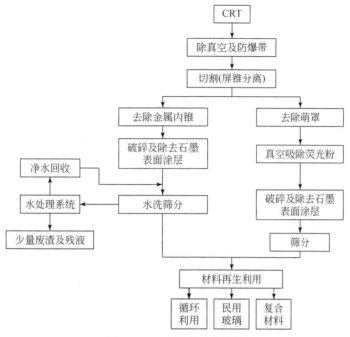

图 3-4　CRT 处理工艺流程

子枪或采用电钻等工具在玻壳上钻眼等方法完成。操作者在此过程中须采用一定的安全防护措施，以避免玻璃爆裂造成伤害。

玻屏和玻锥中的含铅量不同，因玻锥含铅，需采用特殊工艺将屏锥分离后分别处理。屏锥分离位置一般选定在屏锥连接处靠近玻屏一侧。屏锥分离后可去除内部的荫罩。荫罩为钢铁材料组成，可与其他金属材料一并收回使用。另外，由于收集、运输和拆解过程中的不可操作等原因而使屏锥混杂在一起的碎玻璃，考虑到含铅的原因，仅可与锥玻璃一并进行后续处理。实现显像管的屏锥分离常用的工艺有两种：湿法腐蚀（即硝酸溶解）方法和热应力分离法。

湿法腐蚀（即硝酸溶解）方法是一种经证实有效的技术，并已广泛应用于CRT 制造工业中。为了克服常规硝酸溶解玻璃焊缝时会产生 NO$_2$ 及酸雾的弊端，如今研制出了一种被称为 FST-100 的酸（用 HX 来表示），较好地避免了有毒气体的产生。湿法腐蚀分离屏锥的优点是：分离面沿焊缝整齐分开，缺点是效率低，会产生废液。热应力分离法是一种利用电热丝加热骤冷产生的热应力来分离CRT 屏锥的方法，具有设备投资少、效率高、操作简单、无废液产生的优点；缺点是分离端面不够整齐，后续涂层处理较困难。

热应力分离法较符合我国国情，我国众多中小型回收业主更倾向于选用电热丝分离 CRT 屏锥玻璃的工艺方法。

b. 荧光粉等涂覆材料的去除

废阴极管玻壳锥屏分离后，分为含铅锥玻璃和不含铅屏玻璃。利用玻璃不耐氢氟酸腐蚀的特点，只需将分离后的屏锥玻璃浸于氢氟酸中片刻再取出，即可较完全地去除显像管内外表面的所有涂覆物。为了避免该方法会产生的酸危害，如今开发出了干式（即吸、擦等）去除荧光粉涂层的方法，但此法存在去除不完全的缺点。荧光粉、石墨、油漆等显像管涂覆材料是一种含有各种成分的危险废弃物，需集中送至有资质的危废公司处理。

c. 材料再生利用

一台普通的彩色显像管玻璃内含有4种玻璃材料：屏玻璃、锥玻璃、电子枪芯柱玻璃、颈管玻璃，而屏玻璃又分为高透玻璃、中透玻璃、低透玻璃。在严格分离屏和锥，并去除屏内表面荧光粉和锥玻璃内外表面石墨、油漆等涂覆材料后，这两大类玻璃原料返回显像管厂对应制造屏、锥。去除荧光粉等涂覆材料的屏玻璃可以作民用玻璃的原料，也可返回玻壳厂重熔利用，也可作硅酸盐基与金属基复合材料。去除内外表面涂层后的锥玻璃可以作为防紫外线及抗辐射的高档民用玻璃原料。分散在社会上大量的废弃显像管被集中回收分离处理后，交由玻壳厂再造，这是实现资源化、无害化利用 CRT 玻璃资源的最佳途径之一。玻壳厂应切实承担起生产者的回收延伸责任。

3.3.3.2 LCD 显示器的回收

近年来，LCD 显示器正在逐步取代 CRT 显示器用于电视机的制造中。LCD主要由液晶显示面板、薄膜集和背光灯模块三大部分组成，其中液晶显示面板是LCD 的核心组件，其他各部分均围绕液晶显示面板构建。表 3-2 列出了液晶显示器的主要组成及其资源化比例。

表3-2　液晶显示器的主要组成及其资源化比例

主要组分	关键材料	比例/%	资源化状态
金属	不锈钢、铝和片状薄钢	11	
LCD 玻璃	玻璃、陶瓷材料和其他	29	
投影	树脂	20	全部
塑料底座	PC+ABS（包括玻璃纤维）	9	
电路板	贵金属（金、银）、树脂和玻璃纤维	4	部分
其他树脂	树脂类（构成材料）	10	
偏光器	有机物（构成材料）	6	尚未
荧光灯	汞和其他	1	

LCD 的材料组成复杂，其中含有汞、镉、铬、镍、铅、钼等有毒金属及硒、砷、多溴二苯醚、多溴联苯等有毒非金属物质，对环境威胁很大。其核心成分液晶中含有大量氰基、氟、溴、氯等可能对环境产生危害的基团，虽然目前对液晶的生态毒性尚不明确，但在回收处理的过程中仍需采取保护措施，防止化学物质的泄漏。

除有害物质外，废弃 LCD 中还存在金、银、铟等贵金属及铜、锌等有价金属，以及塑料和玻璃基板等可再利用的非金属材料，极具资源化利用价值，其一般回收流程如图 3-5 所示。

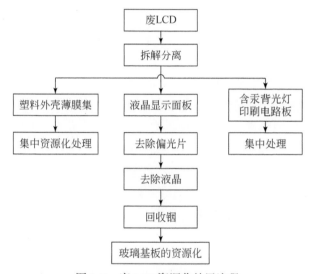

图 3-5　废 LCD 资源化处置流程

（1）拆解

废弃 LCD 显示屏的拆解方式主要包括自动拆解和半自动拆解。其中，自动拆解的成本高、工业化程度较高，与我国国情及技术发展不相符。因此，采用劳动强度较高的半自动拆解更具有实际意义。根据 LCD 的结构可将液晶显示面板、薄膜集和背光灯模块拆解分离，在拆解时要特别注意防止背光灯中汞的泄漏，并对所有含汞的部件进行专门无害化处理。在其余有价值部件中进行分类，为后续的分选回收做准备。

（2）液晶显示面板材料的分离

液晶显示面板中含有偏光片、液晶、稀有金属铟等组分，具有很大的回收价值，是废弃 LCD 显示屏回收处理中的重点和难点。其中，偏光片与玻璃基板以胶黏剂、热压等方式结合，可采用丙酮等有机溶剂将其分离。但胶黏剂在丙酮中的溶解度有限，导致此法所需时间较长，效率较低。此外，还可对偏光片加热使其软化膨胀，进而破坏偏光片与玻璃基板间的黏结性，从而达到分离的目的。此法的分离率可达 90%，但需对加热温度严格控制。研究表明，最佳加热温度为 230～240℃，温度过低不能使偏光片软化膨胀，温度过高则容易使偏光片内的三醋酸纤维素和聚乙烯醇等物质分解或燃烧产生污染性气体（Li et al.，2009）。

液晶在废弃 LCD 中的用量很小，但其存在于玻璃基板之间，因此如要回收金属铟或进行玻璃资源化，就必须处理废液晶。目前，废液晶的处理方法包括焚烧（热解）、超声波、有机溶剂提取等。其中，焚烧法大气污染严重，产生芳香族化合物及多环芳烃，不提倡使用。超声波可使偏光片和液晶从玻璃基板上剥离，而有机溶剂则可将液晶提取出来。但这两种方法耗时长，不利于大规模处理，且也会产生废液，需进行无害化处理。现在多采用焚烧法与其他回收方法相结合的办法，先将液晶提取出来，处理为易于焚烧的组分，再进行较低温度下的焚烧来实现无害化和减量化（郭玉文等，2011）。

铟是目前最昂贵的稀有金属之一，且被广泛用于航空航天设备、半导体工业、无线电技术等领域中，是废弃 LCD 回收再利用中的重中之重。废弃 LCD 中铟的回收技术主要包括萃取法、还原法和膜分离法，目前工业化生产中应用最广泛的是萃取法。萃取法又可为两种，一种是热酸浸出法，利用酸性溶剂将铟离子从混合体系中萃取出来。现有的研究中多采用多种酸的混合液进行铟的浸出，但分离后酸液中的铟难以回收。可参考国外做法，用盐酸与铟的氧化物反应生成氯化铟，借助氯化铟的挥发性进行纯化回收（聂耳等，2008）。另一种是有机溶剂浸出法，利用有机溶剂除去干扰离子，进而获得较为纯净的铟离子体系，方便进一步精提取。

（3）剩余材料的资源化利用

废玻璃基板具有高耐热性、高化学稳定性和良好的机械性能，可作为添加材料加入混凝土、生态砖、陶瓷等建筑材料中，用来提高它们的各项建筑性能指标。但添加时需注意添加量的控制，以及添加后建材的毒性浸出等测试要符合相关规定。此外，废印刷电路板也是重要回收材料，其回收技术已比较成熟，主要是在破碎后对其进行物理分选和湿法、火法回收，将金属与非金属材料分离，并提取其中的贵金属材料，主要分选技术在第二章第 5 节中已详细阐述。

3.4 废弃电脑的开发应用

3.4.1 废弃电脑的成套回收处理方式

电脑的组成比较复杂，是由各种零部件组装而成，一台普通台式电脑一般由主机箱、CPU、软盘驱动器、光盘驱动器、显示器、声卡、内储器、显卡、键盘及鼠标等部件组成。也是电子产品中比较少见的，可以进行自由组装以获得较低成本或各种不同性能的电子产品。电脑中的各种零部件可以单独更换，从而使得替换下来的废弃的零部件可以进行维修处理后再次利用。在废弃电脑中，有毒有害和特殊零部件主要是显示器和电池，需要另外特殊处理。具体手工拆解的零部件清单如下。

1）台式电脑：机壳、显示器、主机（硬盘、内存条）、键盘、鼠标。

2）笔记本电脑：机壳、显示器、电池、适配器、键盘、鼠标、主板、硬盘、内存条。

具体的回收处理流程如图3-6所示。

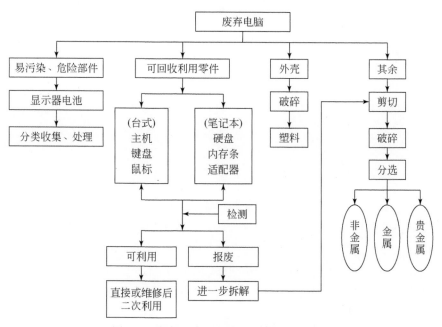

图3-6 废弃电脑成套回收处理方式流程图

— 155 —

3.4.2　拆解技术

3.4.2.1　台式电脑的拆解

（1）键盘及鼠标的拆解

台式电脑中的键盘、鼠标等配件可以直接从电脑主机上拔下连接线即可。将键盘鼠标分别分类收集回收。对可利用的回收价值较高的键盘和鼠标进行检修后二次利用。对报废的键盘和鼠标进行进一步的零部件拆解。

a. 键盘的拆卸

键盘键数目各不相同，目前大多采用 101 键标准键盘。键盘按开关结构可分为有触点式开关键盘和无触点式开关键盘。有触点式键盘开关又分为机械式开关、导电橡胶式开关、薄膜开关和磁簧式开关等。无触点式键盘开关有电容式开关、电磁感应式开关和磁场效式开关等。但不论键盘属于何种类型，其结构相似且拆卸方法也相同。

键盘拆卸步骤如下：从键盘的背面将固定螺丝全部取下，然后再将键盘的后背板取下；从键盘上取下键盘的按键橡胶垫；旋下固定键盘引线和电路板的螺钉，取下电路板；从键盘中取下各种按键，就可完成键盘的拆卸。

b. 鼠标的拆解

根据测量部件的类型，可将鼠标分成光电式、光机式和机械式三种。

将收集的鼠标进行拆解，拆解步骤如下：撕开鼠标底部的商标，从鼠标底旋下固定螺钉，然后卸下鼠标的上下外壳；从鼠标的下外壳中取出电路板；从鼠标中取下译码轮和滚球，即完成。

（2）主机的拆解

台式电脑的主机是电脑中除显示器、键盘、鼠标及其他外设的部分。它安装在机箱中，是包括 CPU、主板、内存、硬盘、软驱等设备的总称。主机中含有各种可以二次利用的零部件，可以通过检测和简单维修回收价值较高的部分，如硬盘、内存条等。拆解时一般按照从外到里的顺序进行。

a. 机箱壳的拆解

首先拆除机箱壳，废弃电脑的外壳大多数为塑料，成分较单一，可以单独分类收集，便于后续对塑料的回收再利用。由于市场上机箱品牌和种类较多，每种机箱在拆解时都会有些不同，但总体来说大同小异。在这里以较典型的机箱为例进行介绍。机箱按其结构不同有立式和卧式两种，拆解方法略有差异。

1）卧式机箱的拆解。卧式机箱由上盖和底座组成，拆解时比较方便。用十字螺丝刀旋出机箱左右两侧的螺丝，一般两边各有 2 个，后面有 4 个螺丝。用手从机箱后面将机箱的上盖向后上方拉起，就可以将机箱的上盖卸下，完成机箱的拆解。

2）立式机箱的拆解。立式机箱由两侧面板和箱体组成。机箱两边有两个侧板，在机箱后面由 4 个螺丝固定，用螺丝刀将 4 个螺丝旋下。转向机箱侧面，将侧板往后平移并往外拉，就可以将侧板卸下；用同样的方法可以将另一面侧板卸下。

之后对主机内可回收的零部件进行拆解，不同品牌与型号的机箱内部零部件各不相同，这里介绍主要的可回收资源化的零部件。

b. 硬盘驱动器的拆解

硬盘驱动器又称硬盘，一般由左右两边 4 个螺丝固定在机箱的硬盘架上。它与主板间有一数据线相连，与主机电源间有一电源线相接。用手或尖嘴钳从主板上和硬盘后面拆下数据线。然后用尖嘴钳夹住电源插头，稍用力向后拉，就可以将电源线拆下。最后用螺丝刀从机箱的左右两侧分别旋下固定硬盘。

c. 软盘驱动器的拆解

软驱由驱动控制电路、数据读写电路和机电驱动部件组成。机电驱动部分又由盘片驱动定值机构、磁头驱动定位机构、磁头加载机构、写保护机构和各种位置检测机构组成。软驱拆解时，首先用小螺丝刀从软驱的两侧面按下上面板的卡锁，取下上面板。然后用小一字螺丝刀从侧面撬开软驱上屏蔽罩的卡口，卸下屏蔽罩。从屏蔽罩的另一面卸下螺丝，从而卸下下屏蔽罩。从电路板取下磁头组件，旋下固定下屏蔽罩的 2~4 个固定驱动组件之间的连接信号线。取出时，只要用尖嘴钳向上拔即可。旋下固定电路板的螺钉，取下电路板即可完成软驱的拆解。

d. 光盘驱动器的拆解

光驱结构与软驱结构非常相似，由电路板、光头组件、主轴驱动机构组成。光驱拆解如下：用小的回形针从光驱前的小孔中往下按，可以将光驱的托盘从里面推出来，然后将托盘的前面板下部往前拉，再向上拔，即可取下前面板，再将托盘送回光驱；用小螺丝刀从光驱两侧（上、下）按下前面板的卡锁，可以卸下面板；用螺丝刀拆下固定上下外壳的固定螺丝，取下外壳；取下固定电路板的螺丝，然后将光驱头与主轴驱动机构和电路板的连接线取下，方法与硬盘磁头组件拆解方法一样；拆下光驱头组件的固定螺丝、弹簧即可取下光驱头组件。

e. 内存条的拆解

当前主板用的内存，绝大多数均为 168 线的内存，其拆解方法十分简单。首先，从主板上找到内存条，内存条一般为由多个内存芯片固定在一块电路板上的电路，形状为长条形。接着找到内存条后，你会发现内存条的插槽两侧各有一个卡槽，用两只手的拇指分别将两侧卡槽往下按，内存条就会自动从插槽中跳出。虽然不同的电脑使用的内存可能不一样，但其拆解方法基本相同。

f. CPU 散热片与风扇的拆解

CPU 的散热片与风扇是为了帮助高速运行的 CPU 散热之用。一般风扇是用 4 个螺丝直接固定在散热片上，拆风扇时，只需要将固定的 4 个螺丝旋下，同时拔去与电源相接的插头，即可取下风扇。

不同架构的主板，其 CPU 散热片的安装方式不尽相同，这里以 Socket 7 架构的主板为例：首先找到 CPU 的散热片，在散热片上有一个扣环，在扣环的两边分别插入 ZIF 插槽。接着用力将扣环向外拉起，松开扣环，再将另一侧扣环从 ZIF 插槽拉出，就可顺利地从 CPU 上将散热片取下。

g. CPU 的拆解

CPU 发展速度很快，不同时期的 CPU 采用的安装方式也不相同，而且有的差异还较大。由于封装形式不同，其拆解方式也不一样。下面分别介绍 Socket 7 架构的 CPU 与 Solt 1 架构的 CPU 拆解方法。

1）Socket 7 架构的 CPU：Socket 7 架构是将 CPU 插在一个 ZIF 的插槽中，拆解时，只需将 ZIF 插槽上的拉杆往上扳到垂直位置，然后用小一字螺丝刀将 CPU 的一个角轻轻撬起，就可以取下 CPU。

2）Slot 1 架构的 CPU：Slot 1 架构是 PII CPU 所采用的安装形式，它的拆解比 Socket 7 架构步骤要稍稍复杂一些，具体步骤如下：用手捏住 CPU 处理器两端凸起处，使 CPU 处理器的插楔从支架的矩形插楔孔弹出；抓住 CPU 处理器，然后用手向上拔起；找到 CPU 处理器上用来固定散热器的铆钉，其中一端是开口的，向另一方向推动插销铆钉，松开被紧固的连接件，就可以从 CPU 处理器上卸下散热器。

h. 主板的拆解

主板是用铜螺丝固定在机箱底座上。拆解时先将其与其他部件相连的数据线、电源线拔出，再将各种扩展卡卸去，然后将固定主板的螺丝取下，就可卸下主板。

（3）显示器的拆解

台式电脑的显示器分为 CRT 显示器和 LCD 显示器两种。台式电脑的显示器与主机是分开的，通过数据线，进行连接。直接拔掉主机上的数据线即可分开显示器。

3.4.2.2　笔记本电脑的拆解

笔记本电脑与台式机电脑的主要组成部分大致相同，由于结构和集成方式不同，使得笔记本电脑小巧轻薄，便于随身携带。笔记本电脑的拆解过程如下。

（1）电池的拆解

将笔记本电脑直接打开后盖即可卸下电池，按电池的材料进行分类收集便于后续电池的回收再利用。

（2）液晶显示屏的拆解

将上盖和玻璃模组与机身分离，见3.4.2.3节显示器的拆解。

（3）附件的拆解

将笔记本电脑机身外壳打开，分别拆下光驱、硬盘、内存条等。

（4）主板的拆解

打开机身外壳后，用螺丝刀等工具取下主板及主板附件等。

（5）其余部分的拆解

用螺丝刀或其他工具将塑料外壳上的金属物分离并分类收集。

3.4.2.3　显示器的拆解

台式电脑的显示器分为 CRT 显示器和 LCD 显示器两种。笔记本电脑的显示器是液晶显示器。台式电脑和电视机的显示器所采用的 CRT 在构造和材料上均无显著差异，在处理处置上无需区别对待，因而电脑 CRT 显示器的拆解与电视机 CRT 显示器的拆解类似，详见3.3.2.2节中电视机显示器的拆解。

（1）台式电脑液晶显示器的拆解步骤

台式电脑液晶显示器的拆解步骤如下：

1）分离底座与液晶显示器。

2）用螺丝刀去掉液晶显示器背部与塑料外壳连接的螺丝钉，使塑料外壳前盖与其他部分分离。

3）剪断数据线，取下前壳。

4）去掉玻璃模组四周与后盖连接的螺丝钉。

5）剪断数据线，取下玻璃模组。

6）取下玻璃模组上的电路板与金属板。

7）取下背光源中的荧光灯，注意灯管中含有汞，要单独处理并防止泄漏。

8）分离光学塑料薄膜，得到显示器玻璃面板。

(2) 笔记本电脑液晶显示器的拆解步骤

笔记本电脑液晶显示器的拆解步骤如下：

1）用螺丝刀或破坏性工具将笔记本电脑上盖连同玻璃模组与机身分离。

2）去掉玻璃模组四周的螺丝，取下外框。

3）取下荧光灯及灯管反射罩，注意防止汞泄漏。

4）取下金属外壳、框架以及光学薄膜。

5）取下玻璃基板上的电路板，得到完整的玻璃面板。

3.4.2.4　其余器件的拆解

电脑经过前面对有毒有害和特殊的零部件及可回收利用的零件或部件进行拆除和收集处理后，对余下的部分（主要是各种电路板）可进行统一的剪切破碎处理。

由于废电路板中的金属和塑料的解离粒度较小，一般要达到好的破碎效果，至少需要两级破碎。具体的破碎方法和工艺可参照 3.7.3 节。对于有条件的大型企业可采用低温破碎技术，在破碎阶段用旋转切刀将废电路板切成 2cm×2cm 的碎块，磁选后再用液氮冷却，然后送入锤磨机碾压成细小颗粒，从而达到较好的解离效果。

3.4.3　显示器的开发应用

电脑的显示器与电视机的显示器在构造和材料上相类似，处理方式也类似，无需区别对待，在回收过程中可以与电视机显示器一起进行处理和开发应用。具体详见 3.3.3 节。

3.5　废弃手机的开发应用

3.5.1　废弃手机的成套回收处理方式

与传统的电器相比，手机与电脑等电子产品的构成较相似，大致均可分为电路主板和显示器两部分。手机的危险部件是电池的回收，需要进行分类收集处理。相较于废弃电脑，手机尺寸较小，拆解也较简单。一般手机显示屏幕较小，在回收再利用过程中主要是回收电路板中的贵金属。具体的回收处理流程如图 3-7 所示。

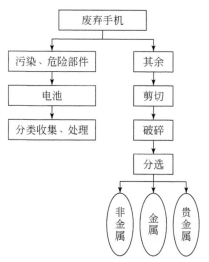

图 3-7　废弃手机成套回收处理方式流程图

3.5.2　拆解技术

3.5.2.1　电池的拆解

打开手机的后盖就能直接将电池卸下，按电池的材料种类进行分类收集，便于后续集中对不同种类的电池进行回收再利用。

3.5.2.2　其余器件的拆解

由于手机尺寸较小，显示屏也较小，回收时拆下电池后可直接对整个手机进行统一的剪切破碎处理，其中主要是电路板。

由于废电路板中的金属和塑料的解离粒度较小，一般要达到好的破碎效果，至少需要两级破碎。具体的破碎方法和工艺可参照 3.7.3 节。对于有条件的大型企业可采用低温破碎技术，在破碎阶段用旋转切刀将废电路板切成 2cm×2cm 的碎块，磁选后再用液氮冷却，然后送入锤磨机碾压成细小颗粒，从而达到较好的解离效果。

3.5.3　电池的开发应用

手机电池分为三种：镍镉电池、镍氢电池和锂离子电池。电池中都含有对环境造成极大危害的金属元素，所以，针对废弃手机电池的处理，就不应该如普通干电池那样只做简单的分类和深埋处理。

3.5.3.1　锂离子电池的回收处理

锂离子电池有价金属含量为：钴 168g/kg、铜 78 ~ 96g/kg、镍 10 ~ 11g/kg、锂 24 ~ 28g/kg，其余还有铝和铁等。锂离子电池是目前手机应用最广的电池，也是将来手机电池的发展方向，其含有的金属及其他材料具有很大的回收利用价值，国外尤其是日本，也都很重视锂离子电池的资源化循环利用。

废弃锂离子电池的回收技术可以分为火法冶金和湿法冶金，主要是提取电池中的贵金属，便于二次利用。火法冶金是将电池机械破碎后，将其放入焙烧炉中高温吹炼，把得到的渣料再用化学方法浸出，从而得到有价金属的混合化合物的回收方法。目前研究较多和应用比较广泛的回收技术是湿法冶金技术，其处理过程对环境的二次污染与火法相比较小。比较典型的流程为废电池预处理→浸出→净化→金属元素的提取分离。其中，络合-离子交换法结合了络合法与离子交换法，可以有效地实现锂离子电池正极材料中多种金属元素的分离和回收，最主要的是钴和镍两种金属，回收率可达 84.9% 和 89.1%，工艺流程简单，是一种可行的回收工艺。

主要技术条件：溶解温度为 80℃ 恒温条件下，稀盐酸的浓度为 20%，连续搅拌 3h 以上，过滤除去白色不溶性残渣后，加入适量的氨水，调节溶液的 pH 为 4，可沉积出铝的氢氧化物，离心沉降，分液，在上层液中加入过量的含有 NH_4Cl 的氨水溶液，使溶液的 pH 调节为 10 左右，持续向溶液中通入纯氧气约 30min 进行氧化，然后将溶液通过弱酸性阳离子交换树脂，使用浓度为 0.6mol/L、pH 为 10 的硫酸铵溶液作为洗脱液，将离子交换树脂上的镍络合物洗脱下来。反复洗脱数次后，换用浓度为 2mol/L 的硫酸铵溶液作为洗脱液，将三价钴氨络合物洗脱下来。最后使用 5% 的 H_2SO_4 溶液将钴络合物完全洗脱，同时使阳离子交换树脂再生，调节两种洗脱收集液为碱性，加入草酸盐分别回收钴、镍。其工艺流程如图 3-8 所示。

3.5.3.2　镍镉电池的回收处理

镍镉电池因镉毒害性强，是环保严格控制的危险类金属，属淘汰之列。从镍镉

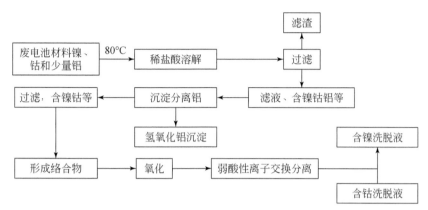

图 3-8　络合–离子交换法工艺流程图

电池中可回收镍、镉等金属。近些年来，虽然镍氢电池、锂离子电池所占比重迅速提高，大有取代镍镉电池之势，但由于镍镉电池具有相当长的寿命，致使目前废弃镍镉电池数量仍在增加，并且在短时期内尚不会完全退出使用。对镍镉电池的回收利用主要有火法和湿法两种方法，其中火法回收工艺相对比较成熟。在火法工艺中，一般先将电池破碎，利用金属镉易挥发的性质，在还原剂存在下蒸馏回收镉，然后再回收镍或者镍与铁生成的合金，而副产品——无毒残渣可作为建筑用混凝土材料，使废弃镍镉电池得到综合利用。在湿法工艺中，一般包括电池破碎、焙烧、酸浸或用碱浸取以及分离，其中浸出液中的金属离子尤其是镉与镍的分离是关键，常用的分离方法有：化学沉淀、电化学沉积、有机溶剂选择性萃取、生物分解和置换等，利用这一工艺可以提取到纯度为 99.8% 的金属镉（魏长宽，2008）。

3.5.3.3　镍氢电池的回收处理

镍氢电池解体可得正极、负极，正极主要为镍、负极为储氢合金、电解液为氢氧化锂。电极材料的有价金属含量约为：正极镍 0.47g/g、钴 0.036g/g；负极镍 0.445g/g、钴 0.0945g/g、镧 0.111g/g、铷 0.057g/g，其余还有少量的锰、锌，回收价值不大。这种电池虽然没有镉污染，但也含有一些重金属以及碱溶液等，所以对环境危害仍很大，而且其中还含有大量的有价金属可回收利用，如镍、钴、铝等，因此，加强废弃镍氢电池的资源化对环境保护和有用材料的再利用有重要意义。镍氢电池回收处理主要是借鉴了镍镉电池的处理方法，同样包括火法和湿法两种。利用火法工艺，将废弃的镍氢电池破碎，去除电解液，把有机物分离，剩余材料经过还原法熔炼可以得到以镍、铁为主的合金材料，这种方法冶炼的产品可用于合金钢或铸铁的冶炼。利用湿法工艺回收的金属价值较大，活性物质中的钴可以全部浸出，镍、镧等金属浸出率分别可达 73.6% 和 93%。

3.6　废弃空调的开发应用

3.6.1　废弃空调的成套回收处理方式

废弃空调的成套回收处理过程与废弃冰箱的回收处理过程相似，包括拆解、粉碎、区分、回收再利用等步骤。空调中的可回收材料主要为金属和塑料。回收时应注意对氟利昂等制冷剂进行单独回收，以及拆解回收特殊零部件，如压缩机、电动机、换热器等。

空调分为一个箱体构成的整体式空调和两个箱体构成的分体式空调，但二者的主要组成部分基本相同，分别为以下 4 个部分：制冷系统、风路系统、电气系统、箱体与板面。制冷系统主要包括压缩机、冷凝器、蒸发器、制冷剂等；风路系统主要有离心风机、轴流风机等；电气系统则包括电动机、继电器、电容器等。

拆解时需手工拆卸的可再利用的零部件、一些便于拆卸的零部件及需要特殊处理的零部件清单如下：①回收制冷剂氟利昂；②换热器；③铜线及铜管；④风扇；⑤继电器、电容器等；⑥电动机；⑦压缩机。

废弃空调的成套回收处理流程如图 3-9 所示。

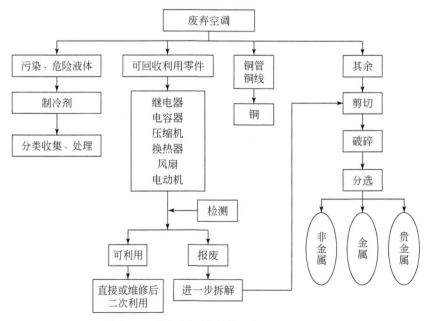

图 3-9　废弃空调的成套回收处理流程图

其中，在破碎前需对重点部位进行预处理，将不同材料及结构的组件根据其性质粗略分开，以方便分选等后续处理工作的进行。难破碎的部件有电动机、压缩机；可重用的部件有压缩机等；高价值的部件有压缩机、电动机和热交换器；破坏环境的有制冷剂、印刷电路板；影响后续操作的物质有润滑油、机油、导线和橡胶等。因此，废弃空调破碎前预处理的项目主要有：采用通用或者专用工具拆卸电动机、压缩机和热交换器；切断容易缠绕的电源线，收集产品内部的配线和印刷电路板；用专门设备回收压缩机的制冷剂、润滑油和机油。图 3-10 为废弃空调破碎前预处理规划模型（刘志峰等，2006）。

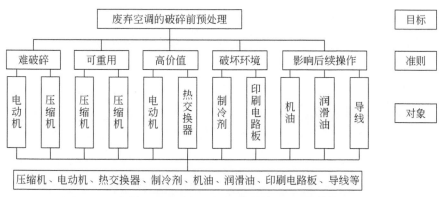

图 3-10　废弃空调破碎前预处理规划模型（刘志峰等，2008）

3.6.2　拆解技术

3.6.2.1　室外机的拆解

空调室外机拆解流程如图 3-11 所示。

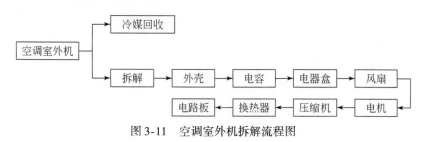

图 3-11　空调室外机拆解流程图

1）冷媒的回收。冷媒回收时，用六角匙开启室外机与室内机连接的三通阀，将氟利昂及冷冻机油抽走单独回收处理。

2）外壳的拆卸。使用螺丝刀即可将外壳拆下，外壳为塑料成分，拆解后可进行破碎回收。

3）电容的拆解。电容器内含有多氯联苯，需要单独拆解处理，在拆解时注意使用一次性防水工作手套、安全护目镜、长袖上衣、已净化的工作靴、标准螺丝刀、套筒扳手、套筒起子、剪钳等。

4）电器盒的拆解。使用螺丝刀将电器盒拆下，其中包括继电器等元器件。

5）风扇的拆解。

6）电机的拆解。

7）压缩机的拆解。压缩机通过三个地脚螺栓与地板固定，当螺栓出现断头难以拆除时，可以用锤子和扁錾按螺栓拧松方向慢慢将其剔出来。也可用电火花在断头处打出方形或扁形槽，再用钢杆拧出（黄娇红，2010）。

8）换热器的拆解。使用螺丝刀即可将换热器拆下。

9）电路板的拆解。

3.6.2.2 室内机的拆解

空调室内机拆解流程如图3-12所示。

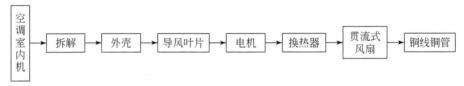

图3-12 空调室内机拆解流程图

1）外壳的回收。与室外机相似，先使用螺丝刀将外壳拆下，外壳由塑料组成，可进行破碎回收。

2）导风叶片的拆卸。

3）电机的拆解。使用螺丝刀即可将电机拆下。

4）换热器的拆解。用螺丝刀等工具将换热器拆解，如不可再利用则进行破坏性拆解。

5）贯流式风扇的拆解。

6）铜线铜管的拆解。使用割管器将室内机中的铜管铜线回收，至此室内机可以送至破碎。

3.6.3 制冷剂的回收处理

制冷剂的回收、循环、再生必须经历以下阶段：回收—净化再生—（液化）—转移。在回收过程中必须注意以下几个问题：一是必须保证储槽的压力安全；二是做好有关部位的密封以防止制冷剂泄漏；三是必须采用有效的净化再生手段以保证制冷剂的纯度。常用的制冷剂回收方法有如下几种。

3.6.3.1　气态、液态制冷剂回收法

通过回收设备自带的压缩机将空调中的制冷剂（气态）转化为高温、高压蒸汽，其目的是通过油分离器将制冷剂和压缩机油分开，然后通过回收设备自带的冷凝器将高温高压的蒸汽转化为低温高压的液体，存入液罐。

3.6.3.2　液态回收法

通过回收设备自带的压缩机将空调系统中的制冷剂（液态）加压冷却后直接存入制冷剂储液罐。

3.6.3.3　推拉回收法

在空调系统和制冷剂储液罐之间制造一个平衡压力，利用回收设备自带的压缩机在空调系统的高压端和储液罐的低压端之间制造一个大的压力差，将制冷剂（气态和液态）通过回收设备存入储液罐，经过测试发现，利用这种回收方法回收速度比气态、液态回收法可提高 5 ~ 10 倍。

制冷剂回收机应具有低压停机功能，以防止回收机中压力低时吸入空气；同时还应有高压停机功能，由于回收罐较小，回收机使用的冷凝器冷凝效果差，回收来的气体不能立刻被液化，夏季会出现高压现象，当压比超过压缩机极限时，容易损害压缩机。国外有些回收机的压比可达 50：1，国内有些采用压比高的专用压缩机，有些采用两级压缩，同时采用大风量冷凝器，提高冷却效果。图 3-13 是某回收机的工艺流程图，采用两级压缩，基本满足制冷剂的回收处理要求。

3.6.4　压缩机的开发应用

压缩机外壳钢板厚 3mm，是坚固部件。用破碎机破碎，噪声、震动大，能耗高，磨损严重。国外采用液氮低温破碎技术效果好，但成本较高。国内采用铣刀开盖或等离子开盖技术，可实现压缩机的开盖。如采用等离子技术，每台机器1.5 万元左右，开一个盖用 1min 左右，切割速度快，劳动强度低。

压缩机的回收工艺流程一般如图 3-14 所示。

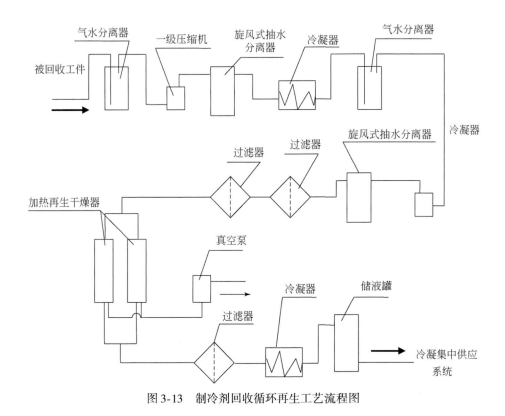

图 3-13　制冷剂回收循环再生工艺流程图

图 3-14　压缩机的回收工艺流程图

　　目前，国内外存在的压缩机开壳技术主要有：低温破碎、手提锯切割、等离子切割、火焰切割、砂轮片切割、车床车削、仿形铣削、施压切割等技术，各种技术的优缺点见表 3-3。

表 3-3　几种压缩机开壳技术的优缺点

开壳技术	优点	缺点	备注
低温破碎	能较好地实现压缩机外壳的破碎	①设备运行成本高；②能耗大、噪声高；③压缩机内部零部件不可重用	国外采用的主要方式

续表

开壳技术	优点	缺点	备注
手提锯切割	设备简单廉价	①切口质量差； ②劳动强度大； ③效率低	适合于小批量维修或者回收
等离子切割	①切口窄； ②切割面质量好； ③切割速度快	①容易烧坏电极； ②切割过程中高速气流会将熔化的金属渣粒带进压缩机内部，给后续回收造成不便	
火焰切割	①成本低； ②切割速度快	①容易造成事故； ②产生对人体有害的金属烟尘； ③影响内部零部件	
砂轮片切割	①设备成本低； ②切割效率高	①噪声大； ②粉尘大； ③砂轮磨损快； ④不够安全	
车床车削	无需专用设备	只能处理圆柱形压缩机	
仿形铣削		①切口质量差； ②刀具易损坏； ③手工操作、自动化程度低； ④开壳效率低	
施压切割		①效率低； ②不能处理非圆形截面的压缩机	

压缩机开盖后，需分离电机定子漆包线与矽铜片，以进行下一步的分类处理，国内贸易部物资再生利用研究所为此进行了研究，采用车床铣刀先切除绕组一端漆包线后，从另一端用专用夹具加力分离铜与铁芯，回收率近100%，每完成一次分离6~9min，高效易行，符合我国国情。

3.6.5 润滑油的开发应用

润滑油经过使用后，其品质将发生不同程度的变化，油质变稠，色泽变深，油中混入因机械摩擦而产生的金属粉末、设备和系统管路中的污垢、水分等，因此，收集的废润滑油必须经过正确处理后才能使用。在此介绍两种常见的润滑油再生处理方法。

3.6.5.1 升温沉淀处理

将回收的润滑油静置一段时间后，取其上层油倒入加温沉淀器内，加热使油温升至120℃左右，然后根据油的脏污程度加入5%～10%的活性白土，并连续搅拌，加热2～3h，将混入的水分蒸发。自然冷却后，静置沉淀24h，把油转到储油箱内（去除底部杂质），再通过油泵输往过滤器进一步清除杂质。经上述处理的油按照润滑油标准进行检验分析后，各项指标均达到润滑油标准。在实际应用中色泽甚至比新油更好，该工艺的回收率在70%左右。图3-15是升温沉淀处理的流程图。

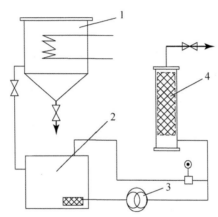

图3-15　升温沉淀处理的流程图
1-加温沉淀器；2-注油箱；3-油泵；4-过滤器

3.6.5.2 化学处理

化学处理也称酸碱处理，这种方法较为复杂，要求设备材料也多，通常在润滑油重复使用多次或很脏的情况下应用。操作程序包括酸洗、碱洗、水洗和脱水、脱色等。

3.6.6 换热器的开发应用

换热器由蒸发器和冷凝器构成，是空调制冷/制热循环系统的重要组成部分。其包含的材料主要为钢、铜和铝，分别分布在换热器的翅片端板、翅片及U形管上。资料显示，换热器集中了空调中的全部铝材和绝大部分铜材，而废铜、铝材料价格高，具有很大的回收价值（李兆坚和江亿，2007）。因此，实现废弃空调换热器中铜、铝材料的高纯分离，是对废弃空调回收处理中不可忽视的环节。

3.6.6.1　热熔法回收换热器

铝的熔点是 660℃，铜的熔点是 1083℃，二者相差 423℃。而热熔法的工作原理就是基于换热器中铝与铜熔点间的较大差异，保证在回收过程中只有铝熔化，从而将两种物理状态不同的金属分离开来。

在采用热熔法处理之前，要先对换热器进行预处理，用手工方式拆除或切割掉除铜、铝以外的其他金属材料，如铁安装支架。而后，将预处理过的换热器挂在铁钩上传送入铝炉中，并在铝炉中停留一段时间，完成铝的熔化分离。铝炉内的温度控制在 665～675℃，参与熔铝过程的铜与铁钩（1535℃）的熔点都很高，因而不会在铝炉中熔化。熔铝后的铜管由传送带送出铝炉，整个过程的示意图如图 3-16 所示。

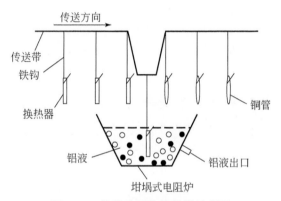

图 3-16　热熔法回收换热器示意图

热熔法可以实现铜和铝的分离，但分离效果并不是很好。在铝炉中时，虽然铜的熔点高不会发生熔化，但铝液会与固态的铜发生共晶反应，生成低熔点共晶体，导致铜中掺有杂质，回收率下降。此外，换热器中的油在高温环境下容易挥发，所以需对该装置进行废气处理，或在预处理环节加一道工序，将换热器中易挥发的油等物质抽出（黄娇红，2010）。

3.6.6.2　化学法回收换热器

化学法利用金属的化学特性分离换热器中的铝和铜。铝是活泼金属，与酸、碱均可发生反应，而铜却不能。铝与酸、碱反应的化学方程式为

$$2Al+6HCl \longrightarrow 2AlCl_3+3H_2 \uparrow$$

$$2H_2O+2Al+2NaOH \longrightarrow 2NaAlO_2+3H_2 \uparrow$$

将换热器浸泡在足量的酸碱溶液中，使铝变成离子进入溶液，就可获得单质铜，而铝则可通过电解法从溶液中回收铝，流程如图 3-17 所示。通常我们不直接电解铝的酸溶液，因为 $AlCl_3$ 是共价化合物，熔融态下是不导电的。电解回收铝的具体做法为：向铝离子溶液中加入氨水，利用 $AlCl_3+3NH_3 \cdot H_2O \longrightarrow Al(OH)_3+3NH_4Cl\downarrow$ 反应得到 $Al(OH)_3$ 沉淀，过滤后高温灼烧，由 $2Al(OH)_3 \longrightarrow Al_2O_3+3H_2O\uparrow$ 反应生成 Al_2O_3。在 Al_2O_3 中加入冰晶石可降低氧化铝电解时的熔融温度，由 $2Al_2O_3 \longrightarrow 4Al+3O_2\uparrow$ 即可得到单质铝。

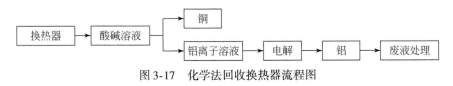

图 3-17　化学法回收换热器流程图

化学法虽然能得到纯度较高的铝，但需要消耗大量的酸碱溶液，成本较高。同时，溶液的比例不易控制，不能保证所有铝都参与反应。此外，该法产生废液量大，对环境造成了二次污染，而废液的处理又增加了难度及成本，因此还需在多方面进行改善（朱志梅，2011）。

3.6.6.3　机械物理法回收换热器

结合我国的实际国情和技术应用水平，机械物理法是最适用于废弃空调换热器回收的一种处理方法，其主要技术路线如图 3-18 所示。它具有低污染、低能耗、低成本的特点，并且其处理过程中用到的设备种类较常规，多数可与其他废弃电器电子回收处理程序共用，进一步降低了其难度与成本。由于将换热器整体破碎再进行分离的方法与其他废弃电器电子中材料的分选技术流程一致，所以这里就不再介绍，下面主要介绍不需整体破碎而达到分离效果的回收方法。

图 3-18　机械物理法回收换热器主要技术路线图

（1）机械抽拔

机械抽拔是指用液力装置将 U 形铜管从铝翅片中拔出的分离方法，如图 3-19 所示。该方法不需对换热器进行破碎或拆解，可以保持铜管的完整性，有利于再制造。但由于铜管与翅片在装配过程中为提高热交换率，采用胀管工艺使两者紧密结合，进而在抽拔过程中产生了预紧力，对抽拔起了阻碍作用，导致抽拔后期难以继续进行。此时，可采用冷热抽拔的方法，利用热胀冷缩的性能缓解预紧力的作用，但温度的控制比较复杂，同时冷却用液氮的成本也较高，还需从其他方面进行改善。

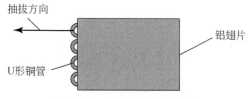

图 3-19　机械抽拔法示意图

（2）**切割法**

切割法是将换热器沿铜管轴线逐个剖切开来，实现铜管与铝翅片的分离。由于铜和铝的塑性都很好，剪切强度不高，所以在切断的过程中容易产生粘连现象，因此切割的方式就是该方法的关键。切割前先对换热器进行平整工序，获得适合后续工艺的平面工件。切割器具需锋利，要有较小的剪切间隙，切割时可分为横向剪切与纵向剪切两部分进行操作，如图 3-20 所示。通过铜管轴心形成的平面进行剖切可提高分离处理效率（潘晓勇等，2010）。

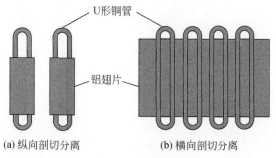

(a) 纵向剖切分离　　　　(b) 横向剖切分离

图 3-20　切割法回收换热器分离工艺示意图

3.7　共性可开发应用材料

3.7.1　金属与非金属的分选技术

废弃电器电子产品虽然种类繁多、结构复杂，但总的来说其成分中包含了相当一部分的共性材料，如金、银、铜、锡等金属及树脂、陶瓷、塑料等非金属。

在回收过程中，我们通常先按类别将不同种类的材料从废料中分选出来，再进行下一步的循环再利用。而分选的纯度则直接关系到后续工序的繁简程度及最终产物的质量。第 2 章中已详细介绍了国内外现行的废弃电器电子产品中金属与非金属材料的各种分选技术，本节将会对这些技术做出总结归纳，并提出适合我国现下国情，可促进我国废弃电器电子产品回收产业发展的分选技术。

表 3-4 是各种废弃电器电子产品中材料分选技术比较（吴雅丽，2008）。可以看出，分选方法各有利弊，而每种方法都有与其相对应的一类回收材料，可达到回收率与经济效益等因素最优化的目的。因此，要获得最终的高收益，就需要为每类材料选择适当的分选方法，并将不同的分选方法按一定的顺序组合使用，经过层层分选，实现废弃电器电子的完全回收。

表 3-4　各种废弃电器电子产品中材料分选技术比较

技术方法		工艺特点	环境影响	材料回收率	经济效益
物理分选		工艺简单，易操作，容易规模化发展	能耗高，有噪声、粉尘及有害气体污染	回收率高，主要用于金属与非金属的分选，难以实现各种金属的完全分离	设备运行及维护费用高，但环境污染治理成本低
湿法冶金	浸出—电解	工艺灵活，对设备要求不高，易操作，但不能直接处理复杂废料	消耗大量试剂及电能，产生废气、废渣、有腐蚀性和毒性的废水	回收率高，可获得纯度较高的金属单质或其化合物	浸出阶段成本低，但后续电解工艺耗能大，污染治理成本也较高
	生物浸出	工艺简单，易操作，生产周期长，可利用菌种有限，菌种较难培养	能耗很低，清洁安全且污染小	金属回收率高，可获得纯度较高的金属单质或其化合物	投资运行成本低，污染治理成本低，但收益慢，不易大量生产
火法处理	焚烧法	工艺简单，易操作，主要用于大批量回收电子废料中的金属	能耗高，会产生有毒有害气体，并伴有重金属挥发	金属回收率不高，目前无法对所有金属进行回收	运行成本适中，但污染治理成本较高
	热解法	工艺简单，适用于各种电子废料，但操作条件要求高	能耗高，会产生有毒有害气体，并伴有重金属挥发	金属回收率不高，且最终无法得到较纯的金属产品	处理设备投资、运行及维修成本高，且需一定的污染治理费用

资料来源：吴雅丽，2008

我国在废弃电器电子产品回收处理技术及管理方面均处于起步阶段，还没有形成完整的产业链，公民的资源化意识也不高。因此，需要在借鉴发达国家废弃电器电子产品治理措施和技术的基础上，提出适合我国国情、能满足社会需求、可应用于大中小企业的金属与非金属材料分选技术。

物理分选技术较适用于初级分选，即金属材料与非金属材料的分选。对废弃电器电子产品的壳体及结构框架部分主要采取筛分及形状分选，利用破碎后废料颗粒中金属与非金属的大小及形状差异将其分开。该技术设备较简单，成本低，且对壳体等组成成分较单一的大型部件分选精度较高。

废印刷电路板材料组成复杂，可采用多种物理分选方法组合使用。参考国外工艺流程，我们提出"筛分→密度分选→磁选→电选→涡电流分选"的技术路线，主体思路是：将废料破碎后，使用不同尺寸的筛孔进行筛分，得到不同粒级的颗粒，对这些颗粒分别进行密度分选，利用金属与非金属的重力差异将其分离。而后，使用磁选分离金属富集体中的铁、镍等铁磁性物质。此后，使用电选技术，利用金属与非金属材料间电导率的差异使之再一次分离，同时，采用摩擦电选也可以对塑料进行分选。最后，使用涡电流技术分选废料中的片状轻质金属与比重相近的塑料（如铝和塑料的分选）。

经物理分选后的金属富集体将进入湿法冶金环节进一步提取高纯度金属。浸出是湿法冶金的必经环节，而电解法应用较早，技术成熟，适用于大规模生产。其主要技术路线为"浸出→电解→固液分离→金属回收→溶剂再生"，可提取以锌为主的多种金属单质。湿法冶金过程中需要注意的是浸出溶剂的再生循环使用，以及电解时的电流密度、电解时间、电解温度、电解液流速和浓度等工艺参数的调控，达到效率和效益双赢的目的。

火法处理主要用于分选废弃电器电子中的贵金属、铜、铅等元素，同时可对塑料进行热解回收，并在产物中得到可用于建筑材料的玻璃纤维残渣。目前，我国大部分地区仍在采用原始的普通焚烧法处理废弃电器电子产品，且不具备配套的污染处理设备，在造成环境污染的前提下还得不到高的回收率，是应该摒弃的。今后，我国废弃电器电子回收的火法处理技术要向低污染、低能耗、高回收的方向逐渐靠拢，热解法就是一个合适的选择。热解反应在密闭的环境中发生，抑制了有毒有害气体向大气的排放，因而比焚烧法更环保。目前，世界多国都投身于热解法回收废弃电器电子的研究中，我国中国科学院等离子体物理研究所于2004年年初已研制成功了国内第一台等离子体高温热解装置，将该技术广泛推广到回收领域指日可待。

综上所述，具体分选流程如图3-21所示。目前，用于废弃电器电子产品材料分选的设备还十分有限，多数为矿物分选设备的改装版。而我国在该领域的技术又较为落后，主要依靠进口设备进行回收。因此，自行研制高效的分选设备也是促进我国废弃电器电子产品回收处理产业快速发展不可或缺的一环。

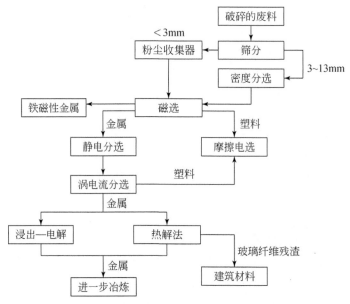

图 3-21　金属与非金属材料分选工艺流程图

3.7.2　贵金属的开发应用技术

在第 2 章中已经提出对于废弃电器电子产品的资源再生利用而言，贵金属的回收是关键之一，对于不同的贵金属回收工艺也进行了介绍。对于我国回收企业管理较为混乱以及回收自主技术少的现状而言，所选用的技术如何调和回收效率及回收成本之间的矛盾成为值得关注的焦点。

但是如果以长远的眼光来看，随着国家对废弃电器电子产品资源再生利用的重视程度与管理力度的加大，以及新技术、新专利的开发，现阶段适当提高回收效率而非一味追求低成本的设备似乎更具有发展潜力。因此，为了提高各种可回收材料的回收率，电路板等含贵金属成分较多的器件应当在机械分选回收后，对贵金属的部分再进行精炼，从而使废弃电器电子产品的利用率更高。贵金属回收工艺路线如图 3-22 所示。

1）拆解。充分发挥手工拆解的优势，将可回收的元器件，如 CPU 等进行单独拆解回收。

2）破碎。国外发达国家的一些废弃电器电子产品回收企业在破碎过程中选用低温破碎以达到更好的破碎效果。但是对我国而言，低温破碎需要引进设备和

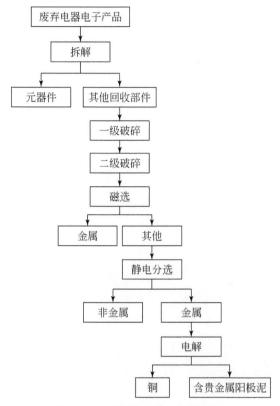

图 3-22　贵金属回收工艺路线图

技术专利，成本较高。因此，目前传统的机械破碎更适合我国国情。在破碎过程中可利用二级破碎使废弃电器电子产品破碎后的颗粒尺寸尽量小，以便于随后的分选。其中一级破碎可选用国产设备，大型锤磨机等，二级破碎可引进国外的破碎设备，也可选用我国达到技术标准的国产设备。

3）分选。3.7.1 节中已经介绍了如何选择分选技术使非金属和金属分离，这里不再赘述。

4）精炼。分选后的金属中可能含有金、银等贵金属和铜。为了将二者分离以得到纯度更高的纯金属，在分选后对富集的金属进行精炼，精炼的常用方法为电解法。将分选出的金属熔炼、铸锭，然后电解得到铜及贵金属阳极泥，然后再将贵金属阳极泥进行熔炼、铸锭后再进行进一步的电解精炼。

3.7.2.1　金的电解精炼法

电解法广泛应用于金、银的提纯中，其优点是回收效率高、产品纯度高、设备简单，缺点是生产周期长。

在电解精炼金时，阳极为粗金，阴极为纯金，电解液则选用金的氯配合物水溶液，盐酸作游离，电解液成分为：$HAuCl_4+HCl+H_2O$，不需加热，温度过高会使电解液挥发，污染环境。电解槽一般采用硬塑料制成。槽内电极并联，槽与槽串联。若将阳极电位、电解液含金与盐酸浓度提高，电流密度可适当提高。通电后阴极上将开始积累金，当其达到一定厚度时更换阴极片。阳极泥继续用于回收。

电解时阳极主要反应：

$$Au-3e^-\longrightarrow Au^{3+}$$

电解时阴极主要反应：

$$Au^{3+}+3e^-\longrightarrow Au$$

若阳极中杂质（银、铅、铂族金属等）的电位比金的电位负，则溶解进入溶液。但值得注意的是，在阳极表面会形成 $AgCl$ 薄膜使阳极钝化，影响电解的正常进行，所以在电解精炼金时不仅输入直流电，还同时输入交流电，既可抑制 $AgCl$ 的形成，又能使 $AgCl$ 疏松脱落，此外还能提高阳极泥中金的含量。当铅的含量很低时，铅不会在阴极上析出。应及时处理电解液中的铂族金属，以免其在达到一定浓后在阴极处析出。

3.7.2.2 银的电解精炼

电解精炼银时，阳极为套着隔膜袋的粗银或金银合金，阴极为纯银或不锈钢，电解液由含银的硝酸银、蒸馏水以及硝酸组成（Ammenc，1989），成分为：$AgNO_3+HNO_3+H_2O$，电解液中需有少量游离硝酸以增加电解液的导电性。此外，还可加入适量 KNO_3 或 $NaNO_3$，从而增加电解液的导电性，还可以防止硝酸浓度过高导致的阴极析出银的现象。电解液不需加热，温度高会使酸雾增加，污染环境并加速银的化学溶解。在电解槽中通以适当的直流电进行电解。电流密度过高会使析出的银粉不易剥离。维持槽电压在 $1.5\sim2.5V$。其过程原理可表示如下。

阳极主要反应：

$$Ag-e^-\longrightarrow Ag^+$$

阴极主要反应：

$$Ag^++e^-\longrightarrow Ag$$

阳极泥中的杂质（金、铂、钯）的电极电位比银高，电解时不发生电化学溶解，以固态形式进入阳极泥。比银电极电位负的金属，如铅、铋、铜等，在电解时与银一同溶解进入溶液中，这样不仅降低了电解液的导电性，还增加了硝酸消耗。其中，铅与铋进入电解液后发生水解，铜由于电极电位与银接近而在阴极析出。因此，铅和铋进入阳极泥，而铜的析出则降低了银纯度与电流效率。

在通电一定时间后，阴极处积累一定量的银粉，取出阴极并刮掉表面银粉以收集银。此外，也可采用运输机将银粉运出槽外。电解槽内用隔板将电解槽横向隔成若干小槽，隔板底部留有空隙使小槽之间连通，电解液可循环流动。将涤纶布制成的带式运输机设于槽底连通部，用于运出槽内银粉。槽面设有机械搅动装置，可定期开动，搅动电解液的同时防止两极间短路。

电银含量大于 99.9%，经洗涤、烘干后熔铸成锭，含银 99.995%。阳极溶解到残缺不堪后，更换新极，布袋内阳极泥收集好后，经洗涤、烘干，另行处理。

3.7.3　塑料的开发应用技术

计算机等家用电器的绝缘、微型化和轻质量的要求，使塑料成为电子电器工业不可或缺的重要原材料之一。塑料是废旧家电的重要组成部分，在家电中塑料所占的比例高达 30% ~ 40%（周莉萍和刘志峰，2006），按产量体积计已超过金属材料的产量，因此废塑料的回收在废弃电器电子产品开发应用中有着重要的意义。由于塑料等高分子材料在自然状态下很难降解，所以在废弃电器电子的开发应用中要处理好塑料，不给环境和生态造成污染，且进行资源回收再利用。

塑料，分为热塑性塑料和热固性塑料（杨慧娣，2010）。热塑性塑料主要有聚乙烯（PE）、聚丙烯（PP）、聚氯乙烯（PVC）、聚酰胺（PA）、聚碳酸酯（PC）、聚苯乙烯（PS）、丙烯腈–丁二烯–苯乙烯共聚物（ABS）、聚甲醛（POM）、聚甲基丙烯酸甲酯（PMMA）、热塑性聚酯（PET、PBT）、改性聚苯醚（PPO）、聚四氟乙烯（PTFE）、聚苯硫醚（PPS）等。这类塑料可进行加热熔融再塑造成各种形状，冷却后成型。热固性塑料主要有酚醛树脂（PF）、环氧树脂、不饱和聚酯（UP）、聚氨酯、聚酰亚胺等。这类塑料一般通过粉碎、研磨后以 15% ~ 30% 的比例作为填充料掺混到新树脂中。

发达国家的塑料开发应用较高，值得我们借鉴。日本再生利用聚苯乙烯泡沫（EPS）的工艺流程是将废旧 EPS 熔融、固化压成锭块，用作低纯度的塑料原料；也可只进行粉碎，用作土壤的改良剂或混在水泥中使成品轻量化，提高隔热性能；或者直接用作 EPS 的原料。日本 EPS 再生资源化协会还研究制定了回收废旧 EPS 用作回收热能的计划：利用塑料具有热值高的特性，将废旧塑料作为燃料使用。聚乙烯、聚丙烯、聚苯乙烯、聚酯等混合物或其中含有纸或纤维的混合物在无法再次作为再生原料重复利用或者已经是再生制品时，将其作为燃料加以利用。将废旧塑料转化为油品是一条行之有效的废旧塑料利用途径。日本现已开发出一种关于废旧塑料催化热分解进行油品化的工艺技术，这种方法是先将占废塑料 60% 的聚烯烃类塑料（聚乙烯、聚丙烯、聚苯乙烯）粉碎，利用不同种塑料在水中密度的差异，分离出不能油化的聚氯乙烯等塑料。经熔融槽加热变成液态后，再到热分解槽经热分解使之变为气态，通过反应槽在合成沸石催化剂的催化下分解成高品质的油品。

我国同发达国家相比，废旧塑料制品的回收利用总体技术水平较低，回收利用率不高，而且回收利用主要以再次加工成低档次塑料制品为主。在国外，采用化学回收法把废塑料加工成油品和固体燃料技术已进入商业化阶段，而国内目前仅限于小规模生产与工艺试验，并取得了一些进展。我国有关部门已将废旧塑料回收利用列入议事日程；将废旧塑料再利用列入科技攻关项目。有关部门还多次主持召开了废旧塑料回收利用经验交流会和学术讨论会。我国在引进一批先进的废旧塑料回收装置和设备的同时，结合国情研制了多种回收机械（如废膜清洗机、破碎机、造粒机），兼具回收处理、生产再生制品的再生组合机也已商品化。但是我们至今还未建立一套完善、切实可行的有关废旧塑料的回收、管理、利用的法规和制度，实际回收再利用塑料的速度和效率还远远落后于塑料制品行业的飞速发展。

3.7.3.1 主要塑料种类

废弃电器经拆解分选后的塑料主要有聚丙烯（PP）、聚碳酸酯（PC）、聚酯（PET）、聚乙烯（PE）、聚酰胺（PA）、丁二烯-苯乙烯共聚物（BS）、丙烯腈-苯乙烯树脂（AS）、聚苯乙烯（PS）、丙烯腈-丁二烯-苯乙烯共聚物（ABS）、聚氯乙烯（PVC）、聚氨酯（PU），对应于各零部件分别如下。

（1）冰箱

内胆、门内衬：高抗冲聚苯乙烯、ABS、改性 PP、PC、PET、PE、PA、BS、AS；

顶框、把手：ABS、PS-HI；

果蔬盒、抽屉、搁架：ABS、PS、AS、PP；

密封条：PVC；

隔热层：PU；

旋钮：ABS；

压缩机罩：PS、PP；

继电器罩：聚苯醚；

电器盒：ABS；

接水管、排水管：PP；

各类助吸器：POM；

各类轴套：PA；

滑块、蓄冷器：PE；

限位块：PP；

电线接插件、接线盒：PBT。

（2）洗衣机

内筒：改性 PP；

底座：韧性 PP；

盖板：ABS、PS-HI；

内盖板：PP；

电极底板、排水阀：ABS；

排水管：PE-HI；

齿轮、凸轮、皮带轮：POM。

（3）电视机、电脑、手机

ABS、PS-HI、改性 PP、PVC、PPO、聚甲基丙烯酸、PF、POM、PA、PC、PE、PET、环氧树脂、UP。

（4）空调

PP、PE、AS、ABS、PS、PET、PET、PU。

3.7.3.2　开发应用技术

拆解废弃电器电子产品后得到的废旧塑料大多为混合物，需要将其进行分选，挑选出同类塑料。分选的过程采用人工分选法、磁选分选法、干法分选、低温分选法、湿法分选。

人工分选法：拆解后，对成分单一的部件按热塑性制品和热固性制品进行手工挑选，分开存放。人工分选法是最广泛而切实有效的一种方法，不需要专门的技巧和设备，节省成本，而且分选效果也是机器难以替代的。

磁选分选法：对掺杂金属的塑料部件，采用电磁铁的磁选法除去金属碎屑。所使用的设备有磁性分离滚筒、干式与湿式转鼓分离器和交叉带式分离器。

干法分选：对成分混杂的部件，通过干法进行分选。干法分选包括光选、电选和风选。由于塑料带电的差异不是很明显，特别是实际塑料废弃物的带电性质与纯净塑料存在差别，且电选受附着水分及湿度的影响较大，所以不推荐电选技术。风力分选是利用塑料颗粒在空气流中因粒径、形状、密度等差异予以分离，适合分选密度差较大的金属和塑料，对废旧塑料的分选效率不高，所以也不予推荐采用。光选则针对于块状塑料，利用塑料具有不同的红外光谱的特性进行分选，即用红外光谱或 X 射线照射在皮带运输机上的块状塑料，在不同光谱下探测到的塑料将分别被喷管喷出的气流吹出来进行分选。光选法适用于多种塑料的分选，所以推荐使用光选法来对块状塑料进行分选。

低温分选法：塑料在低温下会发生脆化而易粉碎。在粉碎塑料时，利用各种塑料的脆化温度不同，分阶段地改变粉碎温度，即可有选择地进行粉碎，同时达到分离塑料的目的。这种方法将分选与粉碎在同一个工序中完成，既节省成本，又提高效率。

湿法分选：湿法分选包括密度分选、浮选和水力旋流器分选。对于用阻燃剂、增强剂等进行改性处理的塑料，同一名称的塑料，其密度也往往不同，所以采用一种介质来根据塑料的密度进行密度分选。一些研究者测出的多种塑料的密度范围如图 3-23 所示。介质一般有水，用于分离 PET 和 HDPE（高密度聚乙烯）；重介质（NaCl+水、CaCl$_2$+水、丙酮+四溴乙烷、四溴乙烷），用于从增强塑料中分离出轻塑料（ABS、PS、PVC）。对于密度、荷电性质相近的废旧塑料，采用浮选进行高精度分选。采用等离子体物理调控技术或采用添加适当润湿剂的化学调控技术进行分选。一些研究显示的技术参数及分选结果见表 3-5 和表 3-6。日本塑料处理促进协会研制的水力旋流器能分离密度很近的塑料，分离率达99.9% 以上，但仪器成本较高，所以在经济允许的情况下才推荐使用。

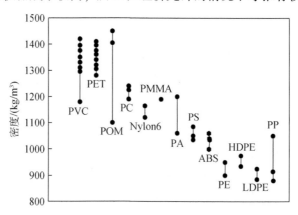

图 3-23　多种塑料的密度范围（张玉龙和石磊，2009）

黑点表示不同选材的实测结果

表 3-5　采用等离子体技术浮选分离 ABS/PC/PPO

老化时间/天	浮选 pH	浮选温度/℃	上浮物	下沉物
不老化	中性	19	无	ABS、PC、PPO
8	中性	19	ABS	PC、PPO
20	中性	19	ABS	PC、PPO
20	碱性	19	ABS	PC、PPO
20	酸性	19	ABS、PC	PPO
20	中性	41	无	ABS、PC、PPO

资料来源：张玉龙和石磊，2012

表 3-6　塑料的化学调控浮选　　　　　　　　　（单位：%）

塑料混合物	润湿剂（抑制剂）	上浮物		下沉物	
		纯度	回收率	纯度	回收率
PVC+PS*+PP*+PE*	木质素磺酸钠+明胶+斯盘	98.9	98.9	95.9	95.9
PVC+PMMA*	木质素磺酸钠	92.0	91.0	80.0	82.0
PVC*+PET	NaOH、褐煤蜡	100	100	100	100
PVC*+PET	NaOH、月桂醇	93.5	97.6	97.5	93.3
PVC*+PET	木质素磺酸钙	99.3	98.9	98.9	99.3
PVC*+PET	明胶	—	—	99.8	75.0
PVC+PC*	木质素磺酸钠	99.5	74.0	79.3	99.6
PVC+POM*	木质素磺酸钠	90.8	96.7	96.5	90.2
PVC+POM*	木质素磺酸钠	96.0	95.0	92.0	97.0
PVC*+POM	山梨聚糖	90.7	95.0	96.0	80.0
PC+POM*	斯盘+OT（乳化剂）	87.6	99.2	90.3	83.6
ABS+PS*	水玻璃	97.0	96.0	—	—

资料来源：张玉龙和石磊，2012

3.7.3.3　废旧塑料开发应用技术

废旧塑料的处理方法主要有三种：填埋、焚烧、回收和再利用。废旧塑料回收模型如图 3-24 所示。塑料的开发应用一般分为四个等级。一级回收是指那些采用一般加工方法，不用进行改性处理就可制成与新材料制品性能相同或近似的制品的废旧塑料。二级回收是指那些通过改性处理或多种工艺技术，可制成比新材料性能较差一些制品的废旧塑料。三级回收是指无法直接和改性使用，只能通过热解提炼燃油和化工的废旧塑料。四级回收是指无再利用价值，通过焚烧从中回收热能或进行填埋的一类废旧塑料。

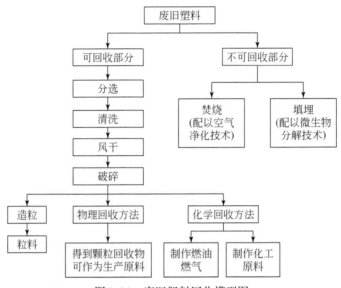

图 3-24　废旧塑料回收模型图

（1）填埋

掩埋是在不影响地表植物生长的前提下，将废旧塑料深埋到地下的废旧塑料处置方法。该法简单易行，但潜在危害相当大，会造成耕地减少和地下水的污染，所以要采取卫生填埋。在填埋时按一定方式压实，以减少处置体积。在填埋时要充分考虑渗滤液污染控制的设计，以防止污染环境。卫生填埋具有投资少、运行费用低和回收沼气等优点，成为现在世界各国广泛采用的废塑料最终处理方法。在填埋过程中要合理调度，操作机械化，可以大幅度减少处理费用。

（2）焚烧

能源利用是将难以进行材料再生的废塑料焚烧，利用其热能发电或作为工厂的热源，常用于混合塑料。废塑料的主要组成是碳氢化合物，所以具有较高的热值和良好的燃烧性能。废塑料的燃烧形式主要是蒸发燃烧：受热后首先熔化成液体，进一步受热后产生很多易燃蒸汽，再与空气混合燃烧。焚烧的优点是可处理大量的废旧塑料且处理效率高，尤其适用于难以鉴别和分选处理无法通过其他途径回收的混杂废旧塑料。但会产生大量包括二氧杂环己烷等有毒有害气体，对这些气体需要进一步处理，后续流程长，综合经济成本高。塑料中含有氧、氮等可能产生二噁英或氰化物气体的元素，因此需要高效的焚烧设备。在高炉中，通过燃烧焦炭产生热，加热反应物达到还原铁矿所需的温度，并将铁熔化。总的来说，这一过程是大量化学反应进行的过程，而且产生的热几乎完全被利用。将废旧塑料用于国内高炉喷吹，不仅可有效利用资源，而且可以使环保工作产业化。通常高炉都由风口喷吹煤粉或重油以提供部分所需的热量。将难以再生的废旧塑料粉碎与生石灰为主的添加剂混合、干燥、加压、固化成直径为 20～50mm 颗粒制成垃圾固体燃料即 RDF（refuse derived fuel），这样储存方便、燃烧时尾气排放量较少，将燃料通过风口喷入高炉，喷吹量大，产生的 CO_2 少，能量利用率高，且高炉煤气可用于发电或烧热风炉。

（3）回收再利用

填埋和焚烧方法简单易行，是目前各国处理废旧垃圾的主要方法。例如，美国在 20 世纪末废旧塑料填埋、焚烧和再利用的比例分别为 37%、18% 和 35%；塑料生产第二大国日本的调查显示，废旧塑料填埋、焚烧和再利用的比例分别为 34%、26% 和 40%；欧洲回收工作做得最好的意大利，塑料的回收率也只达到 28%。在循环经济的要求下，必须要加强废旧塑料回收和再利用，塑料的回收再利用包括物理回收和化学回收。

通常废旧塑料在回收再利用前，首先要对分选后的塑料进行清洗、干燥以提高再生制品的质量，然后进行粉碎，以便再加工。

a. 清洗

废旧塑料通常在不同程度上会沾有各种油污、灰尘、泥沙和垃圾等，必须进行清洗，去除表面附着杂物，以提高再生制品的质量。清洗一般有手工清洗和机械清洗。手工清洗一般适用于农膜和包装材料。废弃电器电子产品拆解下的塑料部件推荐采用机械清洗。机械清理有间歇式和连续式两种。连续式清洗是完全机械化清洗，由传送带将废旧塑料送入切碎机，进行粗粉碎，然后再送到大块分离段，使沙石等沉入水底，并定时被送走，上浮的物料经输送辊进入湿磨机，随后进入沉淀池，所有比水重的东西均被分离出来，连最小颗粒也不例外。间歇式清洗是人工与机械共同清洗，将废塑料放入水槽中冲洗，并用机械搅拌器除去黏附在塑料表面的松散污垢及埋入的沙子、泥土等，使之沉入槽底；若木屑或纸片很多时，可在装有专用泵的沉淀池中进一步净化；对于附着牢固的污垢，如印刷油墨或涂有黏结剂的纸标签，可先人工分拣出较大片者，在粉碎后放入热的碱水溶液中浸泡一段时间，然后通过机械搅拌使之相互摩擦碰撞，除去污物。考虑到我国劳动力多的基本国情，本着低成本的宗旨，应选用间歇式的方法。

清洗的过程分为预洗、主洗和漂洗。

预洗：废旧塑料表面黏附很多沙土等容易去除的杂质，这些杂质占杂质总量的 80% 以上，所以在整个清洗过程中先洗去这部分杂质，即预洗。预洗时推荐使用喷淋洗料机，它是将摩擦洗料和漂洗结合的机器，在降低能耗、节约成本的基础上，增大清洗效果。预洗环节对水的要求不高，可用漂洗环节的回水，漂洗环节的回水含有一定量的清洗剂，所以在节约清水的基础上，又提高了清洗效果。

主洗：对顽固污渍，如油和粘商标纸的胶，在主洗环节进行去除。主洗的过程就是把废旧塑料放在清洗剂水溶液中，在一定温度下进行搅拌或搓洗。主洗设备推荐使用螺带洗料机，物料在螺带洗料机中自动搓洗 20～30min，先进先出、后进后出、连续生产，所有物料的清洗时间相同，能够进行均匀彻底的清洗，清洗效果佳，且机器操作方便、耗电少。

漂洗：漂洗主要就是去除废料上黏附着的清洗剂水溶液和被清洗剂溶解的污渍。漂洗时也推荐使用喷淋洗料机。检验漂洗合不合格的方法就是将废料放到烘烤箱中烘烤，若发黄则不合格。

b. 干燥

干燥是废旧塑料加工过程中的重要环节，废旧塑料在加工前必须进行干燥，去除材料中所含的水分、溶剂等可挥发成分，否则成型的制品会产生气泡、强度下降等质量问题。干燥的方法有对流式干燥、真空干燥和红外线干燥。

对流式干燥：对非吸湿性物料，使用热风干燥机进行干燥，即风机将经过电阻加热的空气由料斗下部送入干燥室，热风由下往上吹，在原料中通过时，把原料中的水分加热蒸发并带走。潮湿的热气流由干燥室顶部排出。对吸湿性物料的干燥是先将物料表面的水分蒸发掉，再降低干燥速度提高干燥温度来蒸发物料内部的水分。

真空干燥：真空干燥机有三个腔体，在第一个腔体处，物料被填满后通入被加热至干燥温度的气体以加热物料，在气体出口处，当物料达到干燥温度时即被移至抽成真空的第二腔体中；由于真空降低了水的沸点，所以在第二腔体中，水分易变成水蒸气而蒸发，且由于真空的存在，物料内部与空气之间形成更大的压差，一般物料在第二腔体停留 20～40min，对于一些吸湿性较强的物料停留60min；最后物料被送到第三腔体，并由此被移出干燥器。

红外线干燥：采用红外线干燥时，由于分子受到红外线辐射，所吸收的能量将直接转换成振动，意味物料的加热比在对流干燥中更快。通常，干燥气体与受热微粒之间的温差越大，干燥过程就越快。红外干燥时间一般为 5～15min。

比较上述三种干燥方法，对流式干燥的成本相对较低，适合在中小型回收企业中使用；红外线干燥的效率高、效果好，一些大型企业在经济允许的情况下推荐使用。

c. 粉碎

对体积较大的塑料，必须将其进行破碎、研磨成一定大小的碎片，才能进行再加工。粉碎分两个步骤：破碎和研磨。破碎就是先将废料碎成小块物料，按得到的物料粒度分为粗粉碎和细粉碎。研磨就是将破碎后的小块塑料再进一步研磨成细粉。粉碎的形式主要有压碎、击碎、剪切、磨碎。不同的塑料，采用的破碎方法不同。对于脆性塑料，如硬质聚氯乙烯、聚苯乙烯、有机玻璃、酚醛树脂等，质脆易碎，受压力或冲击力作用时极易脆裂成小块，所以采用压缩式或冲击式粉碎设备；对于常温下就具有较高延展性的韧性塑料，如 PE、ABS 等，在受压力或冲击力时不一定能碎裂，所以采用剪切式粉碎设备；对于弹性材料和软质材料采用低温粉碎，以得到粒度均匀的物料。常用的低温冷却介质或制冷剂为液氮。液氮制冷温度低、无毒、无反应、无爆炸、资源丰富，但价格昂贵，所以适用于常温下难以粉碎的弹性、软质材料。将小块粉碎成细粉、细粒时，采用研磨式粉碎设备。

压缩式粉碎机有颚式粉碎机、圆锥式粉碎机和双辊式粉碎机。颚式粉碎机对体积较大的塑料不需要进行粗碎而可直接进行破碎，但碎块不均一，细粉碎较困难，所以不适用于韧性塑料的粉碎。圆锥式粉碎机适用于坚硬的脆性材料，进行粗粉碎和中等程度的粉碎，它最大的优点就是机械化程度高，它既有压缩作用又有摩擦作用，工作效率高。双辊式粉碎机适用于中等硬度的脆性废旧塑料进行中等程度的粉碎和细粉碎，粉碎程度可用辊距来调节，但破碎后的碎块易压成扁块，且大小不够均匀。

冲击式粉碎机有锤式粉碎机和叶轮式粉碎机。锤式粉碎机适用于中等硬度脆性塑料的粉碎，其获得的碎块较均匀，可获得粒度较小的物料。叶轮式粉碎机，其击刀前端与固定在壳体上的冲击板间留有间隙，在高速旋转打击刀运动作用下，间隙也产生剪切作用，以改善粉碎效果。

剪切式粉碎机有单轴高速式、单轴中速式、双轴低速式、双轴中速式和往复式。单轴高速剪切式粉碎机的转速达 $400 \sim 800r/min$，破碎物料尺寸为 $3 \sim 10mm$，动力消耗大，刀具等磨损大，不建议使用。单轴中速剪切式粉碎机的转速为 $50 \sim 100r/min$，破碎物料的尺寸为 $50 \sim 100mm$，动力消耗中等，一般用于细粉碎。双轴低速剪切式粉碎机的转速为 $5 \sim 20r/min$，破碎物料的尺寸一般为 $150 \sim 300mm$，动力消耗小，可用于粗粉碎。双轴中速剪切式粉碎机的转速为 $200 \sim 250r/min$，破碎物料的尺寸为 $15 \sim 100mm$，动力消耗中等，一般用于细粉碎往复式粉碎机，适用于剪碎韧性材料。剪切式粉碎机适用于半硬、抗冲击、热敏性物料的粉碎。

研磨式粉碎机有挫磨粉碎机、鼓式粉碎机、盘式粉碎机和湿式搅碎机。

d. 配料、造粒

废旧塑料经清洗、干燥、粉碎后，就可进行造粒，即对拆解后具有单一塑料的零部件，进行材料改性，按需添加一些添加剂以改善回收料的质量，然后造粒制成粒料供成型塑料制品使用。

配料主要就是确定添加剂和配方（即添加剂的量）。常用的添加剂有增塑剂、稳定剂、润滑剂、着色剂、发泡剂和填充剂。

增塑剂：指增加塑料的可塑性，改善在成型加工中树脂的流动性，制成有柔韧性的物质。主要用于聚氯乙烯和纤维素等塑料。常用的增塑剂有邻苯二甲酸二丁酯（是最常用的增塑剂）、邻苯二甲酸二辛酯（适用于聚氯乙烯和氯乙烯共聚物）、环氧大豆油（适用于薄板聚氯乙烯制品）、磷酸三甲苯酯（适用于片状聚氯乙烯制品）、磷酸三苯酯（要与邻苯二甲酸酯并用）、癸二酸二辛酯（适用于聚氯乙烯、聚苯乙烯、聚乙烯等低温增塑）、氯化石蜡（适用于电缆）等。

稳定剂：指能够防止或抑制塑料受光、热、氧及其他各种环境条件影响所引起的劣化现象，增加稳定性能的物质。常用的稳定剂有碱式铅盐类（适用于军旅乙烯塑料）、脂肪酸皂类（适用于软质聚氯乙烯塑料）、有机锡类（适用于软质或半软质聚氯乙烯塑料）和复合稳定剂。

润滑剂：在塑料加工中改善树脂的流动性和树脂的脱模性，防止在机体内或模具内因黏着而产生缺陷。常用润滑剂有脂肪酸及其盐类、长链脂肪羟。外用润滑剂常用石蜡，内用润滑剂常用硬脂酸盐类。

着色剂：指给塑料着色的物质，包括颜料和染料。常用的有酞菁紫、塑料棕、炭黑。

发泡剂：指能促进树脂产生泡沫形成孔或联孔结构的物质。发泡剂可分为物理发泡剂和化学发泡剂。物理发泡剂适用于泡沫塑料。化学发泡剂常用的有碳酸氢钠、碳酸氢铵等无机发泡剂，以及偶氮化合物（如常用的偶氮二甲酰胺）等有机发泡剂。化学发泡剂适用于聚乙烯、聚丙烯、聚氯乙烯的发泡。

填充剂：指作为基本组分添加在塑料中以降低制品成本或改善某些物性的物质，主要起增量作用，有的还可增加制品的硬度和刚性，提高耐热性和尺寸稳定性。常用的填充剂有木粉、纸、布、棉纤维等以提高制品的机械性能；云母、石墨等以提高制品的电气性能；炭黑、陶土等以提高制品的拉伸强度、硬度、耐磨耗和耐挠曲性能；磁性铁红以增加磁性；铅及其氧化物以增加密度；铝、铜等以增加导电性和导热性；炭黑、二氧化钛等着色。

造粒就是经废旧塑料和添加剂的混合、塑炼后切成小粒。

混合：就是将废塑料与添加剂按配方进行均匀混合。建议采用高速捏合机，以提高混合的均匀性。

塑炼：就是将捏合后的塑料在高于树脂流动温度和较强的剪切作用下进行混合。单纯的塑炼建议使用开炼机以大范围地进行混合。连续混炼机将塑炼与挤出相结合，提高了工作效率，建议使用。聚氯乙烯等热塑性塑料可用挤出机进行混合、塑炼。具体的改造型单螺杆挤出机适用于所有热塑性塑料。

造粒：分为冷切造粒和热切造粒。从塑化设备引出的片料、线料，用冷切造粒，工艺简单，得到的粒料间不粘连。从挤出机机头挤出进行热切造粒，其过程中采用平行轴式旋转刀水冷却造粒机进行聚乙烯的造粒，采用环形铣齿切水冷模面造粒机进行热塑性塑料，包括聚酰胺、PET、聚氯乙烯等的造粒。造粒时，开机各区段温度一般设为 200℃，进料口温度略低 20℃。

下面以 PP、PS 塑料为例具体阐述造粒过程。

PP 塑料再生利用：将粉碎后的制品加轻质碳酸钙，在捏合机内混合，然后塑炼成具有一定可塑性和分散性的材料，塑炼的设备有开炼机、密炼机、连续混炼机。其中注意排气处理。然后按比例加入无规聚丙烯混合并依次送挤出机挤出，进入水槽冷却，送牵引机牵引，送温箱加热 220℃，然后用拉伸机拉伸，分切机分切，冲切机切成产品。

PS 塑料再生利用：将粉碎后的制品放于 150 ~ 1900℃烘箱中加热 10 ~ 15s，后减压至恢复常压，使其体积收缩，得到密度为 0.2 ~ 0.8g/cm³ 的再生材料，再进行粉碎，然后用挤出机挤成料条切粒。这个回收方法无需专用设备，只需一些普通的加工设备，成本低。

e. 回收再利用

其余塑料粉碎通过再生进行回收再利用，方法主要包括物理方法和化学方法。

物理回收，也叫机械回收，是不改变物质的性质，为了方便使用对现有塑料零部件进行破碎、造粒、重新熔融，加工成填料和纤维或树脂掺混料等机械处理的利用方法，是节约能源，保护环境，实现材料再利用的最好途径，且投资低，工艺简单，操作灵活。但机械性回收通常工序较多且受回收塑料的影响较大，得到的回收料往往性能下降较大。机械回收工艺路线如图 3-25 所示。

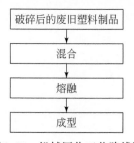

图 3-25　机械回收工艺路线图

对 PVC、PE、PS 等塑料，通过添加填充剂，混合、熔融、再成型。对 PE 和

PVC 的混合物, 采用氯化聚乙烯作相溶剂, 添加量以 10% ~ 30% 为宜, 使之良好结合, 增强再生制品的冲击强度; 也可采用氧化物 (如二异丙苯基过氧化物、二叔丁基过氧化物) 配混进行化学交联, 使其成为挠曲的高抗冲材料。为使混合料各组分均处于熔融状态, 采用高剪切速率加工。对一些成分混杂的塑料, 可将其加热至 350 ~ 400℃后与常温废塑料混合 (后者比例为 40% ~ 60%), 在 200℃下用桨叶搅拌器混合 5 ~ 10min 后熔融、成型; 或将其按密度分选, 分类储藏, 按需提取照一定比例混合挤压成型; 还可通过共挤、共注模塑, 生产夹芯结构制品。

化学回收是指利用化学手段使固态的废旧塑料重新转化成单体、燃料或化工原料, 仅回收废旧塑料中所含的化学成分的方法。得到的产品的价值较高。但投资大、工艺复杂, 技术难度大, 此种方法主要适合于 PP、PE、PS、PET、ABS 等的回收。化学回收包含化学分解和热解。化学分解的主要方法包括醇分解和水分解以及热分解。热分解包括隔绝空气状态下的热分解法和氢气氛中的热分解法。PET、ABS 等含有氮、氯等元素, 热解时会产生有害气体或腐蚀性气体, 不宜作热解原料, 回收难度较大, 可用醇分解、水分解, 能够得到较高的回收率。热分解+催化剂分解装置适合热塑性塑料的处理, 对聚烯烃类 (PE、PP、PS 等) 制油的回收率最高, 质量最好。对于热塑性材料制品, 聚合物可分解成单体或石油来进行回收。

水解: 指在水的作用下使缩聚或加聚物分解成单体的过程。适用于 PU、PA、PET、PC、UP 等的解聚, 这类塑料在常温下是稳定的, 所以需要在特殊条件下水解, 如在 160 ~ 190℃下或更高温度下与水蒸气接触, 多采用双螺杆反应器。产物主要有聚醚和胺类。主要工艺流程如图 3-26 所示。

醇解: 利用醇类的羟基来醇解某些聚合物基回收原料。可用于 PU、PET 等的回收。主要工艺流程如图 3-27 所示。将废料送入装有醇 (常用甲醇、乙二醇、丙二醇、二乙二醇) 的反应器, 充分搅拌, 在 185 ~ 200℃下醇解, 通常需氮气氛围或加压。

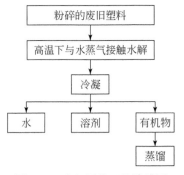

图 3-26　水解回收工艺路线图

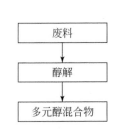

图 3-27　醇解回收工艺路线图

热解：指通过加热，让塑料在高温下进行分解。热分解工艺流程如图3-28所示，将废旧塑料在230~280℃下熔融，脱去HCl，形成盐酸；剩余物料再继续在450~700℃下进行热分解，产生残渣和热解气，其中热解气经冷凝成热解油，供工业使用，未冷凝的废气用火炬燃烧。此法适用于PE、PP、PS等的分解。此种方法不会产生二次污染，且回收率高，但能耗高，技术要求高、成本也高。热分解有油化法、气化法和炭化法。其中，油化法适用于分解聚乙烯、聚丙烯、聚苯乙烯废料，采用分解馏出型反应器，热解一般为450~500℃，产物为油品；气化法则适用于城市垃圾；炭化法适用于聚氯乙烯、聚丙烯腈等，产物为碳化物，采用圆柱形反应器。

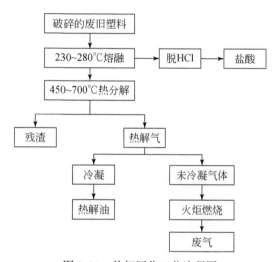

图 3-28　热解回收工艺流程图

第4章 完善我国废弃电器电子回收途径及政策法规的建议

我国废弃电器电子资源再利用技术的开发应用问题主要集中在法律的完善、技术的研发、环境的治理等方面。因此，针对以上问题提出了以下解决建议。

4.1 回收体系方面

1）加强政府行为。将回收和处理工作上升为政府行为主导的体系。很多发达国家已经依靠法律附加给销售商和生产者回收和处理的责任。此外，由地方政府领衔设立固定的废弃电器电子产品回收站。回收过程中设置附加给民众简单拆分的责任，或者明确规定消费者的回收责任。即有责任和义务将废弃产品交给销售商或政府制定机构。在我国回收体系亟待健全的情况下，有必要将生产商、销售商、消费者的责任上升到政府行为领导的高度，确保各环节的有效运行。

2）完善回收渠道。由政府建立完善的回收途径。在街道、住宅区等地设立公共回收站，便于消费者将废弃电器电子产品妥善处理。设立合理的回收网络，使回收来的废弃电器电子产品安全储存并运输到回收企业。逐步取消个体商贩回收的形式，要重点建设回收网点及中转回收站。同时探索多元化回收机制（如生产商上门回收、社区集中交投等），鼓励专业回收处理机构与相关电器电子产品生产企业或者销售者、维修机构、售后服务等机构签订长期战略合作协议，建立定向回收机制，稳定废弃电器电子产品的回收渠道。同时，需要加强废弃电器电子产品回收点的宣传，让所有公民都知道该回收点的位置及相关常识。

3）建立"四方"受益和回收责任制的联动机制。四方面收益，四方面回收处理。生产商、经销商、消费者、政府分别以经济受益、生活受益、税收受益等形式获得利益。那么在废弃电器电子产品的开发应用上就理应做到相关的物质支持和行为支持。四方应做好以下几方面工作：首先，建立产品终身追踪制度和严格的回收体系。生产者生产和编辑档案，经销商追踪产品，消费者协助产品情况反馈工作，政府建立数据库。其次，回收和处理基金的建立。生产者、经销商、消费者、地方政府作为经济受益者应按不同比例分别承担回收和处理的成本费用。在产品生产和销售过程中直接附加到产品的税务中，在上缴国税时统一分配给废弃电器电子产品开发应用基金的管理机构。最后，合理补贴废弃电器电子产品回收处理产业的发展。加强电器电子制造商与回收处理企业间的定向合作项目。在产能较大的生产企业、大型销售商和回收企业之间建立联动的关系。定向回收处理相关企业的废弃电器电子产品，并将再生材料或能源定向供给生产者，增强资源循环产业链。这样可以促使企业尽快地改进产品设计细节，也可以有效地借用企业的力量更好地完成回收处理工作。在节省政府回收上的投入的同时，利用市场竞争机制降低回收处理成本。

4）建立废弃家电产品回收再利用评价体系指标。对整个回收再利用系统的经济、环境、资源和能源指标做出合理的综合评价，并全权负责回收系统的建立、调整和监督工作。

5）培育环保型非营利组织机构的成长并鼓励其参与、监督和完善回收产业体系。由非营利组织机构参与回收的方式有利于宣传和提高公众意识，推动公众积极参与废弃电器电子产品回收。同时，可以有效节约政府行政管理成本，并从客观的角度和渠道获取废弃电器电子产品回收、处理产业中涉及的问题。在完善回收网络的同时，促进立法的客观和公正性。

4.2　法律法规方面

1）加强法律约束力。我国废弃电器电子产品开发应用政策及立法存在的问题在于这些"管理办法"和"条例"缺乏有效的法律效力和约束力。尤其是对电器电子产品生产企业、销售企业及消费者尚起不到有效作用。这些条例的推出多基于企业社会责任感和认证标准。政策引导行为性较强，并无实际的实施效果出现。

2）细化各项具体办法。应更加明确政府各部门在废弃电器电子产品回收体系中的作用及分工，从而提高法律法规的执行度。同时，细化和补充相关法律中所指落后处理技术的具体内容。

4.3　技术方面

1）开发机械化与手工作业相结合的拆解方式。我国人口密集，人力资源丰富，应当充分利用劳动力较廉价的特点，发挥人工拆解较为灵活的优势。因此，适合我国国情的拆解方法是开发人工拆解工具，利用手工拆解，将废弃电器电子产品进行最大化的资源再利用，同时开发机械化、自动化拆解生产线，降低人工劳动强度，使机械与人力充分结合，达到效率最高的拆解方式。

2）鼓励开发先进的回收再利用设备及工艺。而回收设备的先进程度对回收效率有至关重要的影响。无论在拆解技术、金属和非金属的分离技术、贵金属的回收技术以及成套回收技术上，我国仍需要加大研发力度，开发出拥有自主知识产权的设备及工艺，提高回收效率，降低回收成本。

3）研究家电产品绿色设计方法。主要包括选择易于循环利用的可回收材料以及设计便于拆解的结构，从产品的设计开始考虑产品的可回收性，提高回收再利用的可操作性，并将这些绿色设计理论方法与实际应用紧密结合。

4.4 其他方面

1）建立全国统一的数据信息管理系统。一方面可以加强对废弃电器电子产品回收处理工作的管理；另一方面通过有效的信息发布可以更好地连接上下游企业尽快形成产业链。建议工业和信息化部会同环境保护部、财政部和商务部等相关部门共同建立全国统一的数据信息管理系统，将废弃电器电子产品回收处理以及生产企业生产经营状况等数据信息统一收集管理，对相关数据信息进行统计分析，强化对回收处理各个环节的监督管理，促进回收处理产业两化融合，为处理基金正常运行提供保障。

2）建立专门的基金管理委员会和监管机制。分清责任并且明确责任，提高执行力度和法律法规支持体系完善的速度。当前关于各项废弃电器电子产品回收、处理，甚至是基金的建立都是又多了部门负责，但并无有效执法和管理部门，缺乏条例、政策的实际落实情况。因此，有必要集合各部分的管理和监督人员，建立起独立的完善的废弃电器电子产品开发应用部门促进各项政策和措施的落实。否则，任何条例的落实都会向《关于公共场所禁止吸烟的公告》一样，有机制，有条例，有措施，无执行、无监管、无效果。

3）增加回收目标产品。一方面，应对《废弃电器电子产品处理目录》中规定的回收目标产品进行扩充，增加手机等常用电器电子产品，除名单五类产品外，如手机、热水器、平板电脑等产品无论从环境负担还是回收价值上来看都具有成为城市矿产和科学回收处理的潜质和必要性。这些产品中的电池部分，标准统一现象难的现状将极大地增加对环境的危害和废弃电池开发应用的难度。而其中含有的很多贵金属，如金（手机按键触点、电路板镀层，或热水器加热板镀金等）元素，也是极具价值的回收目标。另一方面，尽管很难统计出全国所有厂家的实际处理量和设计处理能力。但事实是，很多已经建立的回收处理企业目前都存在"吃不饱"的现象。实际处理量远低于设计处理能力，造成了资源浪费。因此，扩大回收处理目标产品就成为废弃物开发应用产业十分迫切和必要的内容。

4）加强电器电子产品生产国标的完整性，统一产品的关键功能和零件标准。废弃电器电子产品的开发应用，不仅要狠抓并且要落实回收管理机制，完善回收体系。同时，也要从电器电子产品的产源做起。统一的标准零件更加便于这一循环产业的发展。

5）加大对废弃电器电子产品处理企业的支持，除了扩充废弃电器电子产品处理基金补贴企业的数量，保证每个省（市）都有受补贴的企业，还要对企业提供一定的技术支持，鼓励企业与高校一起合作研发适合中国国情，具有中国特色的回收技术。

6）加强电子垃圾的环境宣传及科普知识的传播，加强政府、企业与协会、环保组织之间的合作，充分调动和发挥环保组织或相关非营利机构的积极性和作用。

最后需要说明的是，废弃电器电子产品回收和处理产业是由其功能环节紧密相连的有机整体，必须落实各环节的职能，使之环环相扣，才能发挥其作用。我国的废弃电器电子产品开发应用产业尚处于起步阶段。因此，需要政策扶持、全民参与，发展适合我国国情的废弃电器电子产品拆解、处理技术和相关技术与设备的研发工作。总结出适合中国的废弃电器工业化处理经营理念和成功运营模式，不仅能促进我国废家电再利用事业和循环经济的发展，对其他发展中国家也会起到示范作用。本书认为发展废弃电器电子产品开发应用产业的最终保障是政府行为，生产者和销售商的社会责任，以及民众自觉意识。

参 考 文 献

安小，陈力洁，刘铁柱．2007．废旧电子电气设备回收处理体系对比分析．环境科学与管理，
  32（6）：137-139．

曹崇延，唐雪艳．2004．论电子产品的逆向物流．中国环境管理，（9）：22-23．

柴晓利，赵爱华，赵由才，等．2005．固体废弃物焚烧技术．北京：化学工业出版社．

陈娴，傅江，程洁红，等．2009．我国电子废弃物的回收处理现状和管理对策．再生资源与循
  环经济，2（7）：34-38．

大矢仁史，董晓辉．2001．形状分选技术在废料再生利用中的应用．国外金属矿选矿．08：
  11-16．

大塚健次，彭永清．2008．资源贫国日本竟是"城市矿山"大国．资源再生，07：31．

方成，翁心刚．2006．对美国加州电子废弃物回收系统的分析与借鉴．物流科技，29（134）：
  65-67．

冯慧娟，鲁明中．2010．德国废弃物回收体系的运行模式．城市问题，175（2）：86-96．

甘峒，陈烈强，彭绍洪，等．2005．废旧电子电气设备回收处理的研究进展．四川环境，
  24（3）：89-93．

高桂兰，谢华清．2011．电子工业毒害物质检测及防治．北京：化学工业出版社．

高慧荣．2009．发展循环经济的创新作用机制探析．商业时代，（19）：71-72．

高健．2010．韩国废弃物循环利用的主要经验．经济视角（下），（8）：50-52．

郭汉丁，房志勇，张印贤．2010．废旧电器回收再生利用项目管理理论与实证．北京：中国建
  材工业出版社．

郭汉丁，张印贤．2008．循环经济理念下废旧电器回收、再生、利用循环机理的探究．电子科
  技大学学报（社科版），10（4）：19-23．

郭玉文，刘景洋，乔琦，等．2011．废薄膜晶体管液晶显示器处理与管理．环境工程技术学报，
  1（2）：168-173．

国家发展和改革委员会资源节约和环境保护司．2006a．荷兰电子废弃物回收处理立法及实施
  情况．中国经贸导刊，（15）：36．

国家发展和改革委员会资源节约和环境保护司．2006b．美国、加拿大电子废弃物回收再利用
  的法律要求．中国资源综合利用，24（8）：40-41．

国家发展和改革委员会资源节约和环境保护司．2012．废弃电器电子产品回收处理研究与实
  践．北京：社会科学文献出版社．

国家税务总局征管和科技发展司．2012．《废弃电器电子产品处理基金征收管理规定》释义及
  适用指南．北京：中国税务出版社．

何益波．2007．我国废旧手机回收利用现状与对策分析．中国环保产业，2：43-46．

胡华龙，邱琦，温雪峰，等．2010．电子废物综合管理．北京：化学工业出版社．

黄娇红．2010．废旧空调关键部件回收技术研究．合肥：合肥工业大学硕士学位论文．

黄珊艳．2012．金属资源争夺战之"城市矿山"．有色金属工程，202：19-21．

黄文秀．2002．浅谈废旧电子电器回收处理．电机电器技术，（6）：15-17．

佳佳. 2011. 各国对电子废弃物的回收利用. 世界有色金属,（7）：70-71.

姜华, 崔莹. 2003. 我国废旧电器产品的管理现状及对策. 中国环境管理, 22（4）：9-10.

孔令峰. 2010. 推进家电企业实施循环经济战略研究——以规范废弃家电回收处理为视角. 经济大视野, 7：84-85.

兰兴华. 2009. 国外电子废弃物的回收利用. 资源再生,（12）：34-35.

李博洋, 顾成奎. 2012. 促进废弃电气电子产品回收处理产业健康发展. 中国科技投资,（09）：52-55.

李德娟, 李昆. 2010. 废弃电器电子产品回收的新模式探索. 现代商业,（02）：11-13.

李鸿霖. 2006. 台湾地区废弃物资源回收管理之研究. 长沙：中南大学博士学位论文.

李金惠, 程桂石. 2010. 电子废物管理理论与实践. 北京：中国环境科学出版社.

李金惠, 刘丽丽, 李博洋, 等. 2011. 废弃电器电子产品管理政策研究. 北京：中国环境科学出版社.

李莲花. 2009. 构建循环型经济中韩国废弃物管理研究. 经济管理者,（23）：213-214.

李猛. 2008. 韩国电子废弃物立法管制综述. 节能与环保,（1）：18-21.

李宁. 2011. 废弃电器电子产品回收利用法规的实施与进展. 再生资源,（6）：38-39.

李巍. 2010. 废旧电器电子产品再利用产业化理论、模型及政策研究. 长沙：湖南大学博士学位论文.

李一夫, 刘红湘, 戴永年. 2006. 生物技术在湿法冶金中的应用. 湿法冶金, 25（4）：169-172.

李兆坚, 江亿. 2007. 我国房间空调器材料资源消耗状况分析. 暖通空调 HV&AC, 37（3）：25-30.

连红芳, 苏庆平, 江模辉等. 2004. 废旧家用电器回收利用及处理处置技术. 环境污染与防治. 26（01）：67-69.

练伟. 2006. 我国废旧家电回收的现状及对策分析. 边疆经济与文化,（2）：45-46.

刘辉, 王同华, 谭瑞淀. 2009. 废印刷电路板资源化处理技术研究进展. 环境科学与技术, 32（95）：92-95.

刘若微, 蒋建平, 朱培武. 2008. 美国 3 州电子废弃物法案最新进展及应对. WTO 经济导刊,（9）：86-88.

刘勇, 陈学娟, 陈少纯. 2009. 废弃线路板中非金属材料热解法资源化利用的研究进展. 中国资源综合利用, 27（3）：11-15.

刘志峰, 周后贵, 宋守许, 等. 2006. 废旧家用空调器的回收及关键技术研究. 中国资源综合利用, 24（1）：12-15.

吕国强, 王华, 郝玉琨. 2003. 废弃电子产品的处理与回收技术. 云南环境科学, 22（3）：44-46.

罗志华. 2007. 火法冶金工艺处理电子线路板并富集贵稀金属的试验研究. 上海：同济大学硕士学位论文.

罗志华, 周恭明. 2006. 我国电子废弃物现状研究. 江苏环境科技, 19（2）：104-107.

马荣骏. 1979. 溶剂萃取在湿法冶金中的应用. 北京：冶金工业出版社.

马荣骏. 2007. 湿法冶金新发展. 湿法冶金, 26 (1): 1-12.

马瑞辰. 2012. 台湾废弃物管理与资源回收体系分析研究. 辽宁行政学院学报, 14 (6): 28-30.

聂耳, 罗兴章, 郑正, 等. 2008. 液晶显示器处理与铟回收技术. 环境工程学报, 9 (2): 1251-1254.

牛冬杰, 马俊伟, 赵由才. 2007. 电子废弃物的处理处置与资源化. 北京: 冶金工业出版社.

欧洲议会, 欧盟理事会. 2003. 2003 年 1 月 27 日第 2002/96/EC 号报废电子电气设备指令. 上海标准化, 4: 38-42.

潘淑清. 2007. 浅议电子废弃物回收物流的发展对策. 产业与科技论坛, 6 (4): 32-33.

潘晓勇, 郅慧, 薛松, 等. 2010. 废旧空调换热器回收处理技术研究. 工业安全与环保, 36 (9): 48-49.

彭绍洪. 2006. 电器电子废弃物的热处置回收技术. 有色金属再生与利用, 4: 21-23.

朴英爱. 2008. 日韩废弃物处理制度比较分析. 现代日本经济, 159 (3): 46-50.

钱伯章. 2010. 国内外电子垃圾回收处理利用进展概述. 中国环保产业, (8): 18-23.

沈书恩. 2009. 废旧电器电子产品回收处理的环境保护建议——以巨鹿 "废旧家电回收处理" 为例. 科技信息, (21): 332-353.

孙云丽, 段晨龙, 左蔚然, 等. 2007. 涡电流分选机理及应用. 江苏环境科技, 20 (2): 40-43.

谭丽峰. 2009. 欧盟电子废弃物污染防治法律制度研究及其对我国的启示. 北京: 中国政法大学硕士学位论文.

唐红侠. 2012. 发达国家废弃电器电子产品回收体系及对我国的启迪. 资源再生, (3): 44-45.

王海锋, 宋树磊, 何亚群, 等. 2008. 电子废弃物脉动气流分选的实验研究. 中国矿业大学学报, 37 (3): 379-384.

王浩东, 尚兰福. 2006. 废旧家电回收对策的研究. 北京: 中国环境科学出版社.

王红梅, 刘茜. 2011. 电子废弃物的分类建议. 环境科学与管理, 36 (6): 1-3.

王红梅, 王琪. 2010. 电子废弃物处理处置风险与管理概. 北京: 中国环境科学出版社.

王红梅, 于云江, 刘茜. 2010. 国外电子废弃物回收处理系统及相关法律法规建设对中国的启示. 环境科学与管理, 09: 1-5.

王继荣. 2009. 废旧家电回收再利用研究. 青岛: 中国海洋大学出版社.

王茵. 2008. EPR 制度下废旧家电回收处理模式及回收渠道决策研究. 成都: 西南交通大学硕士学位论文.

韦嘉燕, 乐永兴. 2010. 我国电子废弃物立法的困境与出路. 内蒙古电大学刊, (5): 11-13.

魏长宽. 2008. 废旧手机电池回收利用研究. 青岛: 中国海洋大学博士学位论文.

文姬. 2002. 欧美国家废旧电器回收立法现状及经验. 家电制造商, (5): 24-25.

吴国平. 2003. 欧盟废旧电器 (WEEE) 和限用有害物质 (RoHS) 指令的压力和对策措施. 电机电器技术, (5): 2-6.

吴雅丽. 2008. 废旧冰箱处理企业设施规划与设计. 天津: 天津理工大学硕士学位论文.

夏美玲，柯涛涛．2006．我国废旧家电回收的障碍及对策．中国资源综合利用，24（6）：26-29.

夏志东，史耀武，郭福．2007．电子电气产品的循环经济战略及工程．北京：科学出版社.

向磊．2007．我国贵金属回收产业发展综述．世界有色金属，（6）：9-31.

严伟，胡伟，张艳丽，等．2006．我国废旧电器回收利用现状及存在问题．青海环境，16（1）：29-31.

阎利．2008．废旧电器再生利用项目可行性研究方法与实务．北京：化学工业出版社.

阎利，刘应宗．2006．荷兰电子废弃物回收制度对我国的启示．西安电子科技大学学报，16（4）：60-65.

阎利，刘应宗．黄文雄．2005．废旧家电器的机械破碎与分选技术，中国工程科学，7（12）：24-30.

阎明．2005．废旧电器回收处理之路的思考．再生资源研究，（3）：19-26.

杨辉．2012．我国电子废弃物回收体系现状及改进措施．企业技术开发，31（1）：177-178.

杨慧娣．2010．塑料回收与资源再利用．北京：中国轻工业出版社.

尧应强，徐晓萍，刘勇，等．2011．废弃印刷电路板综合回收技术评述．材料研究与应用，5（1）：17-21.

俞炳丰，彭伯彦．2007．CFCs制冷剂的回收与再利用．北京：机械工业出版社.

张安峰．2005．绿色再制造工程基础及其应用．北京：中国环境科学出版社.

张国鹏．2007．电子废物立法研究．重庆：重庆大学硕士学位论文.

张科静，魏珊珊．2008．德国基于EPR的电子废弃物再生资源化体系对我国的启示．环境保护，8B（402）：76-79.

张茂才．2012．国外如何利用电子垃圾．商机，10：44-46.

张顺年，宋红茹．2006．借鉴德国废弃电子电气设备回收利用经验促进我国信息产业循环经济的可持续发展．安徽科技，（12）：48-50.

张颖，陈莎，张敦信．2005．废旧家电及电子产品污染现状及回收治理对策的探讨．中国环境保护优秀论文集（下册）．北京：中国环境科学出版社.

张友良，田晖．2005．关于中国废旧电子电气设备再资源化行业发展的建议．电器，（05）：38-40.

张宇平，吴镝．2010．从废旧印刷电路板中回收贵金属技术．再生资源，12：3-45.

张玉龙，石磊．2012．废旧塑料回收制备与配方．北京：化学工业出版社.

赵长春．2003．芬兰如何利用回收垃圾，金属世界，1：14.

赵跃民．2009．电子废物的物理分选理论与技术．科学出版社.

赵芸芬．2006．处理生活固体废物的直接冶炼工艺．世界金属导报，4：1-4.

郑红，张振业．2006．发达国家及地区废旧家电多元化回收和集中处理模式及建立我国废旧家电回收与再生利用管理模式的建议．家电科技，（6）：39-43.

中国经济导报．2007．芬兰和瑞士垃圾处理和收费模式．党政干部文摘，10：30-31.

中国再生资源回收利用协会．2005．废旧家电回收处理试点及示范项目进展情况．中国资源综合利用，5（5）：2-3.

周莉萍，刘志峰. 2006. 废旧家电中塑料的回收利用及其关键技术研究. 家用电器，2：58-61.

周益辉，曾毅夫，刘先宁，等. 2011. 电子废弃物的资源特点及机械再生处理技术. 电焊机，41（2）：22-26.

朱培武，蒋建平. 2010. 废弃电器电子产品处理：挑战与对策. 统计科学与实践，（2）：25-27.

朱庆荣，翁永源. 2010. 台湾地区再生资源回收与利用体系特点及启示. 再生资源与环境经济，5（8）：20-24.

朱雯，周全法. 2003. 废电脑中贵金属二次资源的回收利用. 有色金属再生与利用，（10）：5-37.

朱志梅. 2011. 空调换热器破拆机的研究及装置设计. 绵阳：西南科技大学硕士学位论文.

Ammen C W. 1989. 贵金属回收与精炼. 徐忠田，严以发，苏明文译. 沈阳：上海贵稀金属提炼厂沈阳黄金学院.

Stevels A. 2005. 荷兰电子消费品的回收和循环利用. 刘和平，刘丹宙，温雪峰等译. 家电科技，（7）：64-68.

Gramatyka P, Nowosielski R, Sakiewicz P. 2007. Recycling of waste electrical andelectronic equipment. Journal of Achievements in Materials and Manufacturing Engineering, 20（1-2）：535-538.

Krowinkel J M, Dalmjn W L. 2000 . Processing of televisions by mechanical separation techniques. proceedings of the TMS Fall Extraction and Processing Conference, United states, Oct 22-25, Minerals, Metals and Materials Society.

Li J H, Song G, Duan H B, et al. 2009. Recovery of valuable materials from waste liquid crystal display panel. Waste Management, 29（7）：2033-2039.

Oguchi M, Murakami S, Sakanakura H, et al. 2011. A preliminary categorization of end-of-life electrical and electronic equipment as secondary metal resources. Waste Management, 31（9-10）：2150-2160.

Yang J X, Lu B, Xu C. 2008. WEEE flow and mitigating measures in China. Waste Management, 28：1589-1597.

Yu J L, Williams E, Ju M, et al. 2010. Managing e-waste in China：Policies, pilot projects and alternative approaches. Resources, Conservation and Recycling, 54（11）：991-999.